国家出版基金项目
NATIONAL PUBLICATION FOUNDATION

全国中药材种子原色图谱系列丛书
中央本级重大增减支项目“名贵中药资源可持续利用能力建设项目”（2060302）

中药材种子原色图谱

北京卷

周良云　杨光　纪瑞锋　主编

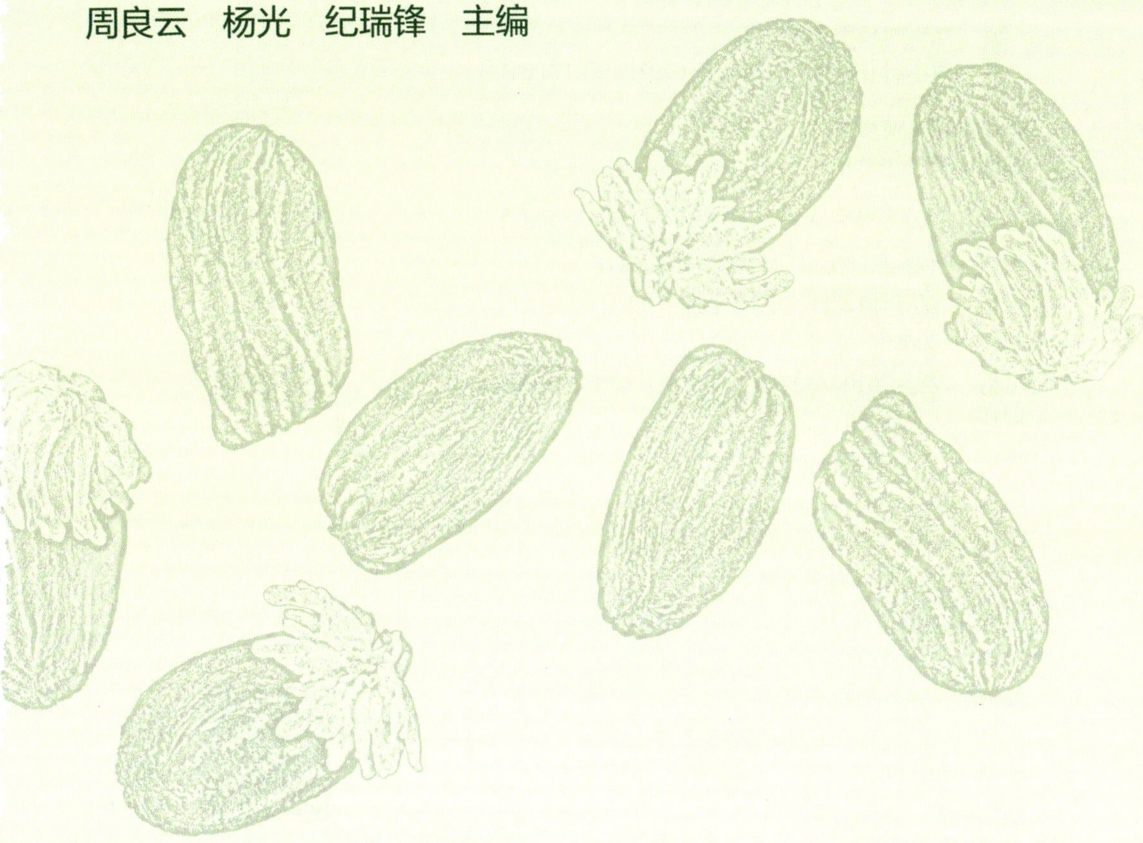

中国健康传媒集团
中国医药科技出版社

内容提要

本书为《全国中药材种子原色图谱系列丛书》之一。本书分总论和各论两部分。总论介绍北京的自然地理环境、中药资源特点等内容；各论记录了北京的180种中药材种子，每个种子项下具体内容包含高清的形态图像2～3幅、性状特征描述、药用部位、功效、采集时间、采集地、鉴定人等信息。各论的重点内容在于图像化地展示种子的细节特征，但仍以详实的文字对每个种子都进行了描述，确保了本部分内容的专业性。

本书可为广大的中药材生产者、研究者、爱好者们提供参考和帮助。

图书在版编目（CIP）数据

中药材种子原色图谱.北京卷/周良云，杨光，纪瑞锋主编.—北京：中国医药科技出版社，2021.8

（全国中药材种子原色图谱系列丛书）

ISBN 978-7-5214-2682-3

Ⅰ.①中…　Ⅱ.①周…　②杨…　③纪…　Ⅲ.①药用植物—种子—图谱
Ⅳ.①S567.024-64

中国版本图书馆CIP数据核字（2021）第174598号

责任编辑　高雨濛
美术编辑　陈君杞
版式设计　锋尚设计

出版　中国健康传媒集团 | 中国医药科技出版社
地址　北京市海淀区文慧园北路甲22号
邮编　100082
电话　发行：010-62227427　邮购：010-62236938
网址　www.cmstp.com
规格　710×1000mm　1/16
印张　26
字数　364千字
版次　2021年8月第1版
印次　2021年8月第1次印刷
印刷　北京盛通印刷股份有限公司
经销　全国各地新华书店
书号　ISBN 978-7-5214-2682-3
定价　160.00元

本书编委会

主　审　肖培根　王永炎

主　编　周良云　杨　光　纪瑞锋

副主编　咸庆飞　丁　锤　周修腾　虞慕瑶

编　者（以姓氏笔画为序）

丁　锤　厦门本草真源生物医药科技有限公司

王　雪　澳门科技大学

王钧杰　浙江农林大学

纪瑞锋　广东药科大学

李　颖　中国中医科学院中药资源中心

李鹏英　中国中药有限公司

杨　光　中国中医科学院中药资源中心

肖文娟　成都市郫都区中医医院

张　振　同济大学

张建行　华东师范大学

陈春宇　广东药科大学

陈莹婷　浙江农林大学

周于靖　广东药科大学

周良云　广东药科大学

周修腾　中国中医科学院中药资源中心

周洁纯　广东药科大学

郑　汉　中国中医科学院中药资源中心

单　锋　安徽医学高等专科学校

赵维波　亳州中药材商品交易中心

咸庆飞　广东药科大学

康传志　中国中医科学院中药资源中心

蒋靖怡　全国农业技术推广服务中心

鲁　轮　安徽省质量和标准化研究院

阙　灵　中国中医科学院中药资源中心

虞慕瑶　中国中医科学院中药资源中心

序一

我国是世界上遗传资源最为丰富的国家之一，其中中药资源是我国独特的、具有原创优势、最具中华文化特色、发展潜力巨大的自然资源。中药资源是中医药临床应用的物质基础，是中医药事业健康发展的客观保障，是关系国计民生的战略性资源。因此，中药资源的合理开发、深度挖掘和全面提升是响应党和政府的号召，传承创新发展中医药事业的重要措施。

中药材种子是中药资源的重要组成部分，是中药材生产最基本的农业生产资料，其真伪优劣直接影响药材的真伪及品质优劣。然而，与农作物种子相比，中药材种子质量参差不齐，评价监管体系还未成熟，质量标准体系未完善，鉴别评价能力有待提高，目前中药材种业发展尚不能适应中药产业高质量发展的要求。加强中药材种子基础研究，尤其是种子的形态学研究，对中药材质量保障、中药资源的开发与利用具有重要的促进作用。

种子是植物不断演化、不断发展的载体，也是物种存续的重要基础。然而由于体形较小、发育过程较为隐蔽、形态特征不显著、在植物生活史中存在时间较短等原因，种子的收集和鉴定是一件非常困难的事情。对于中药材种子而言，问题尤甚，只有部分药用植物的种子得到了较为充分地研究，中药材种子的形态学研究仍处于孤岛式散发进行的初级阶段。此外，种子类中药材的形态学鉴别目前主要是借助光学显微镜、电子显微镜等工具进行，同药材显微鉴别相比，种子类中药材的显微鉴别研究在数量和系统性方面均有一定差距。中药材种子的形态学研究以及种子类中药材的显微特征及其外观特征描述等系统性研究亟待补充。

为了解决上述问题，《全国中药材种子原色图谱系列丛书》采用科学摄影的方式，以光学手段对全国常见中药材种子的形态特征进行了系统性研究，丰富了中药材种子形态学研究的技术手段，改善了系统性的中药材种子形态学研究以及种子类中药材显微鉴定资料缺乏的现状，系统扩充了中药材种子的形态学资料。

该《丛书》的发行丰富和完善了中药材种子形态学研究相关的理论和实践，为种子生物学尤其是中药材种子生物学的教学与研究提供借鉴和参考，为中药材种子生产和管理实践提供技术支持。将有利于解决中药材种子的真伪问题，促进中药材种子质量监管体系的建立和完善，从源头保证中药材质量和产量，为中医药事业高质量发展奠定基础。

乐为之序！

中国医学科学院药用植物研究所名誉所长

中国工程院院士

2021 年 7 月

序二

中医药学是世界唯一全面系统传承从未断裂的医药学。本草学、方剂学、四诊法与针灸是奉献人类的四项发明。21 世纪科技文明的进化，重始源以历史范畴回归象思维，以象数易气神为一体“援象比类”“以言明象”“象以筑境”“象以扬神”，系统深化研究中医中药为生命健康服务民生，是新时代大数据科学的主题。勤劳智慧的中国人民创建了中医药学，它是中华民族繁衍生息、传承文明发展的动力源泉和科技基础，体现中国人民的大智慧。

中药材是中医药发挥临床功效最主要载体，是中医药事业产业发展完善的物质保障。在我国 500 多种临床常用中药材中，65% 以上的种类采用种子繁殖，60% 以上的种类已经实现了人工培育。在由采集野生资源向人工培育转变的过程中，中药材种子种苗的收集和抚育是第一个关卡。对于已经实现人工培育的种类，其种子种苗的标准化和规范化成为制约当前中药材种业发展以及临床用药安全的因素之一。此外，临床常用中药材中约有 30% 是果实、种子入药，其真伪优劣将直接影响临床效果及用药安全。因此，中药材种子的鉴别和规范成为当前中药材培育亟待解决的热点问题，也是影响中医药发挥临床作用的重要影响因素之一。

目前中药材种子鉴别相关研究较少，为了加强中药材种子基础研究，丰富和完善中药材种子研究的理论与实践，《全国中药材种子原色图谱系列丛书》编写团队采用了科学摄影的方式对中药材种子进行了准确清晰的记录，辅以药用植物学名、性状、采集地点等信息，全面系统地梳理了我国各区中药材种子的形态信息，为中药材种子的鉴别和规范提供了重要的参考依据。以期加强中药材种质资源保护利用，促进中药材种子的规范化生产、管理和流通，从源头保证中药材质量以及临床安全用药。

该《丛书》历时数十年，收集了各地区代表性药用植物的种子，通过多种途径和方法鉴定种子基原，确保种子对应物种的科学性、准确性、可靠性。采用科学摄影方式，一方面能够完整清晰地展示出不同种子形状、颜色、纹理等特征，确保图片客观、清晰、美观，为中药材种子品质评价与鉴定提供依据；另一方面为科学摄影在中药领域的应用起到良好的示范作用，具观赏和收藏价值。该《丛书》的出版和应用将为中药材种子鉴定提供依据，助益中药材种子品质升级，推动种业标准化、规范化发展，从源头保证中药材质量，保障中药材临床使用的安全和疗效，为中医药产业传承创新和健康中国长远发展提供重要参考。感谢编撰团队对我的信任与鼓励邀我写序，与有荣焉。

欣闻该书即付桑植，乐观厥成。

中央文史研究馆馆员

中国工程院院士

王永炎

辛丑孟秋

序三

中医药学是中华民族在数千年的生活和医疗实践中逐渐形成和发展起来的一门独立科学体系，其理论基础和诊疗模式始终贯穿着朴素的唯物论和辩证法思想，是中国古代自然科学的重要成就之一。党的十八大以来，党中央把中医药工作摆在更加突出的位置，传承创新发展中医药成为新时代中国特色社会主义事业的重要内容和中华民族伟大复兴的大事。

中药材是中医药事业传承和发展的物质基础，优质的种子种苗则是提高中药材质量和产量的先决条件。由于多数中药材种子存在体积较小观察困难、鉴别特征较少不易描述，以及种内形态学微小变异等问题，造成研究人员关注度不高，对中药材种子形态特征的认识不足，严重制约了中药材种业发展进程。

为解决这一问题，《全国中药材种子原色图谱系列丛书》采用科学摄影技术，以海量的精美图像资料，从“科学化”的角度为中药材种子种苗的规范化发展提供了形态学依据和参考。该《丛书》采用的科学摄影技术确保了中药材种子的色彩、尺寸、鉴别特征和种内变异，能够以精确清晰的图像呈现出来。相比传统的种子墨线图、种子显微照片，科学摄影技术对中药材种子，尤其是毫米尺寸的中药材种子特征呈现具有独特优势，在当前中药材种子图谱类出版物中处于先进水平。

该《丛书》作为第四次全国中药资源普查的成果之一，系统性地展现了中药材种子形态特征，与当前中药材种子图谱的研究对象仅限于数百种不同，该书共计10卷，基本涵盖了全国各区域及各民族的常用中药材数千种，是当前中药材种子类专著的重要补充和提高，将是全国中医药从业者的重要工具书之一。期待着能有更多中药材种子种苗的开拓性和系统性研究，为中药材产业的高质量发展夯实基础。

该书即将付梓之际，乐为之序。

中国工程院院士

中国中医科学院院长

2021年8月

前言

中医药是中华民族的瑰宝，它反映了中华民族对生命、健康和疾病的认识，具有悠久的历史传统、独特的基础理论及科学的技术方法。党中央高度重视中医药产业的传承、发展和创新，从国家战略的高度对中医药发展进行了系统的部署。振兴发展中医药产业已经成为推动实现中国梦的重要战略之一。

中药材是中医药发展的重要前提和物质基础，而中药材种子是中药材生产的物质基础，是中药材栽培的源头和根本，种子质量往往直接决定了中药材的产量、质量、疗效和价值。目前中药资源的开发利用已呈现出由完全依赖野生中药材资源向中药材的人工引种、人工育种、全面栽培（养殖）过渡的趋势，中药材的种养殖成为当前中药产业发展中最为重要的环节之一。中药材中约有 90% 的种类是植物来源的药材，与劳动密集型的农作物种植一样，中药材栽培具有生产周期长、季节和地域性强、工业化程度低等特点。但不同的是，中药材栽培存在着品种混乱、管理粗放、标准化程度低、种子种苗质量难以保障等问题。因此，提高中药材栽培水平，完善中药材栽培管理，促进中药材栽培现代化是生产优质高产中药材和推动中药产业健康发展的必由之路，而中药材种子的鉴定和规范是这条漫漫长路的第一站。

《中华人民共和国种子法》（以下简称《种子法》）于 2015 年 11 月 4 日第十二届全国人民代表大会常务委员会第十七次会议修订通过，自 2016 年 1 月起施行。新修订的《种子法》指出：“草种、烟草种、中药材种、食用菌菌种的种质资源管理和选育、生产经营、管理等活动，参照本法执行”，将中药材种的种质资源管理和选育、生产经营、管理等活动纳入其中。2016年国家中医药管理局与农业农村部共同启动《中药材种子管理办法》(以下简称《办法》)制定工作，目前《办法》已基本成熟，有望实施。《办法》中对中药材种质资源保护、品种选育、种子生产、经营、进出口和管理工作等活动做了进一步的明确，中药材种子管理将从此有法可依，步入规范化的阶段，对中药材种子的研究、经营与管理都提出了更高的要求。为了针对性地对中药材种子进行科学、美观、清晰的记录以方便科研和生产之用，我们将科学摄影的概念引入中药材种子的研究之中，并以全国各地的中药材种子作为拍摄对象，精心地收集并拍摄了代表性的高清种子图片，以期为中药材种子的标准化提供参考和建议，为中药领域的从业者提供系统而实用的《全国中药材种子原色图谱系列丛书》。该《丛书》旨在对全国各区划中药材的种子形态进行系统研究，包含了《中药材种子原色图谱－北京卷》《中药材种子原色图谱－东北卷》《中药材种子原色图谱－华北卷》《中药材种子原色图谱－华中卷》《中药材种子原色图谱－华东卷》《中药材种子原色图谱－华南卷》《中药材种子原色图谱－西北卷》《中药材种子原色图谱－西南卷》《中药材种子原色图谱－青藏高原卷》及《常用中药材种子真伪鉴别》。

本书为《丛书》的北京卷，分总论和各论两部分。总论介绍北京的自然地理环境、中药资源特点等内容。各论记录了北京的180种中药材种子，每个种子项下具体内容包含高清的形态图像2～3幅、性状特征描述、药用部位、功效、采集时间、采集地、鉴定人等信息。各论的重点内容在于图像化地展示种子的细节特征，但仍以详实的文字对每个种子都进行了描述，确保了本部分内容的专业性。

《中药材种子原色图谱－北京卷》的编撰团队主要由年轻的中药学从业者和植物爱好者组成，该团队在长期的野外实践过程中鉴定并收集了大量的中药材种子。2017年编撰团队开始研究科学摄影并尝试将其运用于中药材种子的形态学研究中，2018年在《中草药》杂志发表题为《科学摄影在中药研究中的应用与展望》的论文，正式启动对北京地区中药材种子的拍摄和描述。十年磨剑，霜刃始成。克服了创业初期的种种艰难困苦之后，《中药材种子原色图谱－北京卷》终于编撰完成。在这部分册中，记录了北京地区的180种中药材的种子图片，采用《中国植物志》的分类系统进行了整理，以期填补北京地区中药材种子图谱著作的空白，并为广大的中药材生产者、研究者、爱好者们提供参考和帮助。

本书在编写过程中得到了中国中医科学院院长黄璐琦院士、中国中医科学院中药资源中心主任郭兰萍研究员，中国中医科学院中药研究所邵爱娟研究员，安徽中医药大学周建理教授，广东药科大学李书渊教授，天津药物研究院陈常青研究员、刘素香研究员、潘明佳编审，雅安市雨城区行政审批局张薪沛先生，厦门本草真源生物医药科技有限公司总经理闫馨月女士，北京市农林科学院蔬菜研究中心张峰老师，北京市延庆区园林绿化局刘大海老师，花伴侣APP吴安东、付启迪，植物爱好者曹宇、薛凯、周立新、渠健、刘小英、赵淑红等诸多良师益友的指导和相助，没有他们的大力支持，本书不可能如此快速而顺利完成，在此对他们表示由衷的感谢！对所有为本书的策划和编撰提供指导和帮助的老师和朋友们表示感谢！

“恪尽职守，夙夜在公”，尽管在本书的编撰过程中每一位作者都兢兢业业、精益求精，然而囿于精力和水平，书中难免存在不足，敬请读者批评指正。

主编

2021年7月

编写说明

1. 本书共收载北京地区中药材之基原植物的种子 180 种。书中以基原植物为纲，采用《中国植物志》的分类系统进行分类。

2. 每种种子收载的主要内容如下。

❶ **基原植物中文名称：**采用现行版《中国药典》收载的植物中文名；非《中国药典》收载的物种，采用《中国植物志》收载的植物中文名。

❷ **基原植物拉丁学名：**采用现行版《中国药典》收载的植物拉丁学名；非《中国药典》收载的品种，采用《中国植物志》收载的植物拉丁学名。

❸ **植物类型：**根据基原植物茎的质地、生长习性，简要概述其植物类型。如乔木、灌木或草本等。

❹ **性状：**根据拍摄的图像并结合相关科研文献，记述种子或果实主要外观形态特征。

❺ **药用部位：**介绍基原植物的入药部位。

❻ **功效：**介绍入药部位相对应的功效。

❼ **采集时间：**种子采集的时间。

❽ **采集地：**种子的采集地点，以北京行政区划分。

❾ **鉴定人：**基原植物鉴定人。

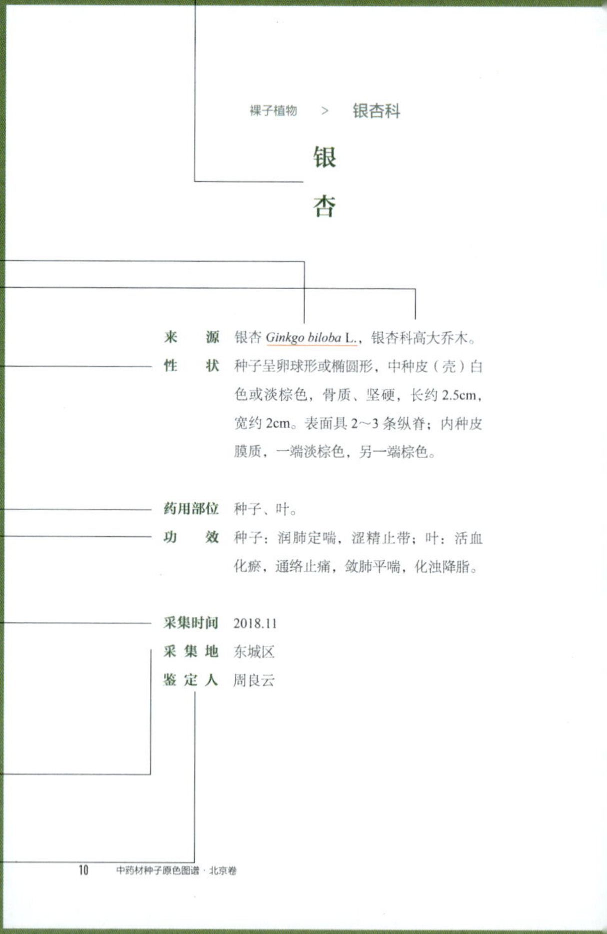

裸子植物 > 银杏科

银杏

来　源　银杏 *Ginkgo biloba* L.，银杏科高大乔木。

性　状　种子呈卵球形或椭圆形，中种皮（壳）白色或淡棕色，骨质，坚硬，长约 2.5cm，宽约 2cm。表面具 2～3 条纵脊；内种皮膜质，一端淡棕色，另一端棕色。

药用部位　种子、叶。

功　效　种子：润肺定喘，涩精止带；叶：活血化瘀，通络止痛，敛肺平喘，化浊降脂。

采集时间　2018.11

采 集 地　东城区

鉴 定 人　周良云

10　中药材种子原色图谱 · 北京卷

3. 图片：为了更全面、直观的展示种子的形态特征，本书采用科学摄影中所涉及的多种拍摄方法和技巧，如景深合成技术等。每种种子包含形态特征图 2~3 幅：1 幅低倍图片，展示种子之间色泽、形态、大小的差异；1 幅高倍图片，展示种子表面纹理特征；对有背、腹面之分的种子另加 1 幅高倍图片。其中，种子形态特征图是本书的核心内容，每种种子图均为全景深图。

4. 在植物学上，种子是种子植物特有的器官，是由胚珠受精后发育而成的。而在农业、林业、园艺生产、中药材种植领域，种子却是泛指一切可以繁殖后代，供生产繁殖用的植物器官或植物体的一部分。它包括三种类型：一是由胚珠发育成的植物学上的种子，如蒙古黄芪、甘草、菘蓝的种子；二是作为播种材料的果实，如毛茛的瘦果，紫苏的小坚果，当归的双悬果等；三是作为繁殖用的营养器官，如太子参的块根，高良姜、茅苍术的根茎，番红花的球茎，天麻、延胡索等的块茎，川贝母、百合等的鳞茎等。本书所述的“种子”为植物学上的种子与果实而言。

目录

总论

各论

（180 种）

裸子植物

双子叶植物

索引

总论

总论

北京自然地理与中药资源概况

一、自然地理及植物区系

1. 自然地理、气候

北京作为我国的首都，以天安门为中心，位于北纬39°54′27″，东经116°23′17″，面积约16400平方公里，地处华北平原的北端，为燕山山脉和太行山脉北段的交汇处。地势西北高、东南低，山区约占全市面积的3/5。北部山地称为军都山，属于燕山山脉；西部山区称西山，属于太行山脉之余脉。东南部则是缓缓向渤海倾斜的冲积平原，融入华北大平原。

北京海拔落差较大，平原的海拔高度在20～60m，山地一般海拔1000～1500m。最高峰为门头沟区的东灵山，海拔高达2303m，其他如北部的海陀山（海拔2234m）、东部的雾灵山（海拔2116m）亦为较高的山峰；最低的地面为通州区东南边界的平原；在山区和平原的交界处，则为海拔200m以下的丘陵地带，自西北向东南形成平缓降落的坡度。境内流经的主要河流有永定河、潮白河、北运河、拒马河等，多由西北部山地发源，穿过崇山峻岭，向东南蜿蜒流经平原地区，最后分别汇入渤海。

北京处于暖温带半湿润半干旱季风气候带，四季分明，夏季温和湿润，冬季寒冷干燥，春秋短促。根据多年的气候观测资料，北京年平均气温11.8℃；最热月 7 月，平均气温 26.1℃；最冷月 1 月，平均气温 −4.7℃。年降水量平均为 63.8mm，多集中于夏季，6、7、8 月三个月的降水量约占全年降水总量的 74%，其中以 7 月降水量最大，且多为暴雨。冬季降水量最少，只占全年的 2%，秋季降水约占全年的 14%，春季降水约占全年的 10%。所以，春旱严重是北京气候显著特征之一。

2. 植物区系

北京位于华北平原的北端，地跨山区和平原两大地理区，海拔落差较大。西部和北部山区一带，从山麓到山顶可以看到不明显的植被垂直分布。土壤类型有山地草甸土、山地棕色森林土、山地褐土、褐土、草甸褐土、潮土等多种类型。复杂的地理条件在一定程度上也决定了植物物种和植被类型的多样性。根据吴征镒《中国种子植物属的分布区类型》分析，北京山区种子植物包含了全国全部的 15 个分布区类型，反映了本区植物类型的多样性。其中绝大部分属于北极植物区的中国－日本植物亚区，少数来自于中亚－西亚植物亚区和古热带植物区的东南亚植物亚区。

由于境内地质地貌复杂，生态环境及植被类型多样，北京植物种类丰富。据《北京植物志》（1992 年修订版）记载，包括栽培植物在内北京共有维管束植物 169 科、869 属、2056 种。而据邢韶华等调查，北京山区共有高等植物 1166 种（含变种、变型），隶属于 122 科、503 属。温带成分的属在本区有绝对优势，占种子植物总属数的 55.34%；其次是泛热带分布类型，共计 60 属，占总属 12.6%；中国特有分布的属有 11 属，占总属数的 2.31%。温带分布类型中，又以北温带分布类型居首，与当前区系地理位置是一致的。

北京西部和北部山区一带山区有着不明显的植被垂直分布。海拔 800m 以下主要是以油松 *Pinus tabulieformis*、栓皮栎 *Quercus variabilis*、槲栎 *Quercus aliena*、槲树 *Quercus dentata* 为主的松栎林；海拔 800～1200m 的山区，蒙古

栎 *Quercus mongolica* 为本带的主要树种，并夹有椴属 *Tilia*、榆属 *Ulmus* 等乔木构成的杂木林；海拔 1200～1500m 的山区，是以华北落叶松 *Larix gmelinii* var. *principis-rupprechtii*、蒙古栎 *Q. mongolica* 为主的针阔叶混交林；从海拔 1200m 到山顶，主要发展为山杨 *Populus davidiana*、桦木属 *Betula* 为主的次生林，当植被遭到采伐破坏后，则发展为以胡枝子 *Lespedeza bicolor* 或榛 *Corylus heterophylla* 为主的灌丛。在海拔 1800～1900m 以上的山顶为山地草甸，分布着种类繁多的草本植物，如灵山和百花山山顶植被丰富的草甸，已成为著名景点。

从地理位置上，北京山区地处燕山山脉和太行山脉北段的交汇处，其植物区系与属燕山山脉的河北雾灵山以及属太行山脉的山西五台山具有很高的相似性。

二、中药资源概况

北京野生植物资源丰富，已形成松山、百花山、喇叭沟门三大自然保护区，区内不少为常见药用植物或者知名的中药材。据调查，北京中药资源种类近 1000 种，其中动物类中药资源有 60 余种，矿物类中药资源有 10 余种，植物类中药资源有 900 余种。

北京中药材种植历史悠久，种植区域多集中在通州、房山和怀柔 3 个区，形成了以甘草、黄芩、西洋参等为主的药材基地。北京作为首都，集中了药用植物研究的国家机构和相应的植物园。以中科院植物所植物园和北京药用植物园为代表的植物园栽培了大量的药用植物，不少为引入的“迁地”植物。

1. 野生药用植物资源概况

陈伯毅等在充分野外调查的基础上，报道了北京野生药用植物 341 种 10 变种，隶属于 89 科 251 属。其中，草本药用植物总计共有 316 种（包括变种），占药用植物总数的 82.62%，主要种类有：白头翁 *Pulsatilla chinensis*、柴胡 *Bupleurum chinense*、黄芩 *Scutellaria baicalensis*、半夏 *Pinellia ternata*、知母 *Anemarrhena asphodeloides*、香薷 *Elsholtzia ciliata*、列当 *Orobanche coerulescens*、萝藦 *Metaplexis japonica*、党参 *Codonopsis pilosula*、羊乳 *Codonopsis lanceolata* 等。木本类药用植物总计共有 61 个种（包括变种），占药用植物总数的 17.38%，主要种类有：油松 *P. tabulieformis*、黄檗 *Phellodendron amurense*、山楂 *Crataegus pinnatifida*、无梗五加 *Eleutherococcus sessiliflorus*、细叶小檗 *Berberis poiretii*、枸杞 *Lycium chinense*、五味子 *Schisandra chinensis*、野葛 *Pueraria lobate*、南蛇藤 *Celastrus orbiculatus* 等。

北京最大的以山区为主的门头沟区药用资源十分丰富。崔旭盛等调查该区域各类中草药基原植物 181 种，隶属 77 科、152 属，其中具有开发前途的有 32 种。分布频度较高的有车前 *Plantago asiatica*、蒲公英 *Taraxacum mongolicum*、秦艽 *Gentiana macrophylla*、紫菀 *Aster tataricus*、薄荷 *Mentha haplocalyx*、柴胡 *B. chinense*、桔梗 *Platycodon grandiflorum*、穿龙薯蓣 *Dioscorea nipponica*、玉竹 *Polygonatum odoratum*、黄精 *Polygonatum sibiricum*、野菊花 *Chrysanthemum indicum*、益母草 *Leonurus japonicus*、藿香 *Agastache rugosa*、地黄 *Rehmannia glutinosa*、射干 *Belamcanda chinensis*、知母 *A. asphodeloides* 等。

薛文峰等对平谷区进行了中药资源普查，结果发现约有 68 科 186 种药用植物，其中濒危植物 2 种。药用种类主要集中在菊科、蔷薇科、百合科、萝藦科、豆科、蓼科、毛茛科、唇形科、大戟科等。在 12 种重点调查的药用植物中，以柴胡 *B. chinense*、穿龙薯蓣 *D. nipponica*、北苍术 *Atractylodes chinensis*、丹参 *Salvia miltiorrhiza*、黄精 *P. sibiricum* 等药用植物分布范围较广，可用于中药资源的开发以及种植；而黄芩 *S. baicalensis*、北乌头 *Aconitum kusnezoffii*、防风 *Saposhnikovia divaricate* 等药用植物的分布范围较小，应当加以重点保护。

李国良等对密云区密云水库上游北庄地区药用植物进行了调查，该区域有药用植物223种，隶属于70科、169属，主要药用植物有知母*A. asphodeloides*、柴胡*B. chinense*、防风*S. divaricate*、西伯利亚远志*Polygala sibirica*、远志*Polygala tenuifolia*、半夏*P. ternata*、地黄*R. glutinosa*、茵陈蒿*Artemisia capillaris*、北苍术*A. chinensis*等。

王玲等对延庆区八达岭林场的野生药用植物调查，共有69科、184属、260种（被子植物有248种）。总种数占八达岭林场植物资源与北京药用植物资源的比例分别为45.2%和76.25%。

随着人类对资源不合理开发及环境的压力过大，一些野生药用植物由于被过度采挖或生境遭到破坏，资源量已相当稀少，分布局限。陈伯毅等对北京野生药用植物资源受威胁状况进行了评价，其中草芍药*Paeonia obovata*、西伯利亚小檗*Berberis sibirica*、红景天*Rhodiola rosea*、甘草*Glycyrrhiza uralensis*、列当*O. coerulescens*、假贝母*Bolbostemma paniculatum*、党参*C. pilosula*、羊乳*C. lanceolata*、半夏*P. ternata*、知母*A. asphodeloides*等药用植物受到威胁程度高，应重点加以保护。

2. 中药栽培概况

北京中药材种植历史悠久，历史上曾是我国药材的重要流通市场。素有“国药”“京药”等美誉。本区自然地理多样，生态环境优越，栽培中药较多，属传统上的华北药材产区，列为“北药”范畴。主要发展区域集中在怀柔大部分山区、延庆西北和东北部、昌平西北部、门头沟大部分山区和房山的西南部和中部地区。华北多数大宗药材在北京均能生长或栽培，主要有甘草、黄芪、西洋参、黄芩、丹参、柴胡、板蓝根等。其中又以甘草、黄芪和西洋参为主。

高路、王静爱等调查了北京8种道地和大宗药材（北柴胡、黄芩、知母、半夏、北苍术、北沙参、丹参、防风、甘草、桔梗），适宜区面积均在北京市国土总面积的 25% 以上。

北京的中药栽培初步形成通州区以黄芪为主，房山区以甘草为主，怀柔区以西洋参为主的品种布局。其他如门头沟区的黄芩、金银花和玫瑰，平谷区的菘蓝、射干、丹参、桔梗，怀柔区宝山镇的金银花，房山区大安山镇的丹参等亦有一定的规模。近年来，还发展了五味子等中药材种植。

1980 年西洋参在北京怀柔山区试种成功，之后在汤河口镇大面积种植，成为北京中药材种植成功的典型；黄芩在北京门头沟区斋堂地区种植亦有上千亩。但是目前北京中药材种植仍缺乏整体规划，且有品牌不突出、栽培技术研究较少、繁种体系不健全等多种问题，尚待解决。

3. 迁地药用植物资源情况

迁地保护 (Ex-Situ Conservations)，是指将生存和繁衍受到严重威胁的物种迁出原地，移入动物园、植物园、种子库等，进行特殊的保护和管理的方式。我国药用植物迁地保护主要依托植物园和药用植物园的引种栽培。北京以中国科学院植物研究所植物园和中国医学科学院药用植物所所属的“北京药用植物园”为代表，集中了大量“迁地”药用植物，或为保护，或为用于引种驯化等研究使用。

以这两个植物园为例，据阙灵等统计，中科院植物所植物园有迁地栽培药用植物 570 种，占该园药用植物的 40.69%；北京药用植物园有迁地栽培药用植物 1528 种，占该园药用植物的 82.91%，较为丰富。迁地栽培药用植物通常引种于野外自然居群，但是亦有不少栽培品种，尤其种下分类的栽培品系，其栽培性状反映了优质药材（道地药材）的特性。由于一些植物园在缺乏对引种药用植物与栽培环境要求等有效研究前提下的盲目引种，甚至不同植物园间相互引种可能造成迁地药用植物优良性状的改变。因而有必要通过科学摄影对迁地药用植物的种子的繁育性状进行系统研究，为实现濒危物种野外回归和生境优化以及建立道地药材种子质量标准提供研究基础。

【参考文献】

[1] 吴征镒. 中国种子植物属的分布区类型[J]. 云南植物研究，1991，13(增刊Ⅳ)：1-139.

[2] 贺士元. 北京植物志（上、下册）[M]. 第2版. 北京：北京出版社，1993.

[3] 邢韶华，林大影，袁秀，等. 北京山区野生维管束植物区系[J]. 生态学杂志，2006(06)：671-676.

[4] 刘长利，罗容，王秀娟. 传承金世元学术思想开展北京中药资源研究[J]. 北京中医药，2013，32(10)：728-730.

[5] 王玉海，尤勇，冯成强，等. 北京地区医药产业状况分析及中药资源可持续利用对策[J]. 中国中医药信息杂志，2009，16(04)：1-4.

[6] 陈伯毅，赵良成，沐先运，等. 北京野生药用植物资源多样性及其评价研究[J]. 北京林业大学学报，2011，33(4S)：31-40.

[7] 崔旭盛，王信宏，李春天，等. 北京门头沟地区中草药资源调查与评价[J]. 中国现代中药，2014，16(10)：819-823+833.

[8] 薛文峰，王秀娟，赵香研，等. 北京市平谷区中药资源普查的实践与思考[J]. 北京中医药，2016，35(08)：792-795.

[9] 李国良，张玉钧，王建中，等. 北京密云水库上游北庄地区药用植物资源的调查[J]. 中国林副特产，1998(02)：3-5.

[10] 王玲，张玉钧，赵广亮. 北京八达岭林场野生药用植物多样性特征分析[J]. 西北农林科技大学学报（自然科学版），2015，43(08)：202-210.

[11] 高路. 道地药材生境与生产适宜性评价——以北京为例[D]. 北京：北京师范大学，2009.

[12] 王静爱，高路，孟繁蕴，等. "数字药匣"的理论构建与应用——以数字北京道地药材资源为例[C]. 中国中西医结合学会中药专业委员会. 2009年全国中药学术研讨会论文集，2009：109-119.

[13] 赵文文，赵香妍，薛文峰，等. 北京市平谷区中药材种植基地调研报告[J]. 北京中医药，2015，34(12)：986-989.

[14] 阙灵，池秀莲，臧春鑫，等. 中国迁地栽培药用植物多样性现状[J]. 中国中药杂志，2018，43(05)：1071-1076.

[15] 黄宏文，张征. 中国植物引种栽培及迁地保护的现状与展望[J]. 生物多样性，2012，20(05)：559-571.

各论

银杏

来　源 银杏 *Ginkgo biloba* L.，银杏科高大乔木。

性　状 种子呈卵球形或椭圆形，中种皮（壳）白色或淡棕色，骨质、坚硬，长约 2.5cm，宽约 2cm。表面具 2～3 条纵脊；内种皮膜质，一端淡棕色，另一端棕色。

药用部位 种子、叶。

功　效 种子：润肺定喘，涩精止带；叶：活血化瘀，通络止痛，敛肺平喘，化浊降脂。

采集时间 2018.11

采 集 地 东城区

鉴 定 人 周良云

1cm

华山松

来　源 华山松 *Pinus armandii* Franch.，松科常绿乔木。

性　状 种子呈倒卵圆形，稍压扁，边缘有一圈窄翅，长约1.2cm，宽约9mm。背腹部颜色不同，背面有黄黑色斑纹，腹面灰色，稍粗糙，两面均无毛；种脐位于基部。

药用部位 枝节、叶、花粉、种仁。

功　效 枝节：祛风湿，止痛；叶：祛风活血，明目，安神，解毒，止痒；花粉：燥湿，收敛止血；种仁：润肺，滑肠。

采集时间 2016.9

采 集 地 海淀区

鉴 定 人 王钧杰

5mm
1mm
1mm

油松

来　源　油松 *Pinus tabulieformis* Carr.，松科常绿乔木。

性　状　种子呈不规则倒卵形，长 6～8mm，宽约 4.5mm，种子具薄翅，连翅长约 2cm，翅宽 7～10mm。种子黄棕色，有黑色不规则条状斑纹；翅灰白色，表面有纵向黑色直条纹，稍粗糙，翅边缘稍不整齐，种子和翅均无毛；去除种皮后，种子为浅黄棕色，生有褐色不规则聚集斑点；种脐位于基部，微小。

药用部位　枝节、叶、花粉、种仁、树脂。

功　效　枝节：祛风湿，止痛；叶：祛风活血，明目，安神，解毒，止痒；花粉：燥湿，收敛止血；种仁：润肺，滑肠；树脂：燥湿祛风，生肌止痛。

采集时间　2016.9

采 集 地　海淀区

鉴 定 人　陈莹婷

5mm

2mm

侧柏

来　　源　侧柏 *Platycladus orientalis* (L.) Franco，柏科常绿乔木。

性　　状　种子呈椭圆状卵形，略呈三棱状，长5～7mm，宽2～3mm。表面红褐色，具白色绢丝状纹理；顶部尖，基部钝圆，侧面具种脐，颜色较浅。

药用部位　枝梢、叶、种仁。

功　　效　枝梢、叶：凉血止血，化痰止咳，生发乌发；种仁：养心安神，润肠通便，止汗。

采集时间　2015.11

采 集 地　东城区

鉴 定 人　周良云

2mm
1mm
1mm

红豆杉

来　源　红豆杉 *Taxus wallichiana* var. *chinensis* (Pilger) Florin，红豆杉科常绿乔木。

性　状　种子呈卵状圆锥形，先端尖，基部截平，长约 4.5～5.5mm，宽约 4.5mm。表面棕色，有深棕色的不规则斑块，无毛，具众多细密疣突，上部偶有 3～5 条脊，基部有一圈稍明显的褶皱；种脐位于基部，圆形，灰白色。

药用部位　叶、种子。

功　效　叶：杀虫，止痒；种子：消积，驱虫。

采集时间　2018.9

采 集 地　海淀区

鉴 定 人　王钧杰

2mm
1mm

单子麻黄

来　　源　单子麻黄 *Ephedra monosperma* Gmel. ex Mey.，麻黄科草本状灌木。

性　　状　种子呈长卵状三棱形，长约5mm，宽约2.5mm。表面红棕色，有纵向排列的网状纹理，种脐位于基部。

药用部位　草质茎、根。

功　　效　草质茎：发汗散寒，宣肺平喘，利水消肿；根：止汗。

采集时间　2018.8

采 集 地　海淀区

鉴 定 人　纪瑞锋

2mm
1mm

草麻黄

来　　源　草麻黄 *Ephedra sinica* Stapf，麻黄科草本状灌木。

性　　状　种子呈长卵形，一侧扁平，长 5～6mm，宽 2.5～3mm。表面褐色至红褐色，略显光泽，背面拱起略呈脊状，有数条不明显的纵棱，腹面稍平坦；顶部渐尖，基部平截；种脐位于基部，黄白色。

药用部位　草质茎、根。

功　　效　草质茎：发汗散寒，宣肺平喘，利水消肿；根：固表止汗。

采集时间　2017.6

采 集 地　延庆区

鉴 定 人　周良云

2mm
1mm

枫杨

来　源　枫杨 *Pterocarya stenoptera* C. DC.，胡桃科高大乔木。

性　状　翅果呈兔耳形，单翅长 1.5～1.8cm，宽约 0.4～0.5cm。翅宽条形，具明显纵脉纹，棕色，翅在基部半包围种子，呈风帽状。

药用部位　枝、叶。

功　效　枝、叶：杀虫止痒，利尿消肿；叶：用于血吸虫病。

采集时间　2015.9

采 集 地　海淀区

鉴 定 人　纪瑞锋

1cm

榔 榆

来　　源　榔榆 *Ulmus parvifolia* Jacq.，榆科落叶乔木。

性　　状　翅果呈椭圆形，含翅长约 12mm，宽约 6mm。表面灰白色，两面不平整，先端浅裂，末端渐尖为短果梗。

药用部位　果实、树皮、叶、内皮。

功　　效　果实：安神健脾；树皮、叶：安神，利小便；内皮：骨折，外伤出血。

采集时间　2015.10

采 集 地　海淀区

鉴 定 人　王钧杰

5mm
2mm

桑

来　　源　桑 *Morus alba* L.，桑科乔木。

性　　状　核果呈倒卵形，压扁，长 1.8～2.2mm，宽 1.4～1.6mm。表面骨质，浅棕色，有极细密小洼点，无毛，边缘有一圈棱；先端圆钝，基部尖；果梗痕条状，白色，位于下部一侧。

药用部位　叶、根皮、嫩枝、果穗。

功　　效　叶：疏散风热，清肺润燥，清肝明目；根皮：泻肺平喘，利水消肿；嫩枝：祛风湿，利关节；果穗：滋阴补血，生津润燥。

采集时间　2016.5

采 集 地　海淀区

鉴 定 人　陈莹婷

1mm
0.5mm

葎草

来　　源　葎草 *Humulus scandens* (Lour.) Merr.，桑科缠绕草本。

性　　状　瘦果呈扁圆球形，双凸状，直径3～4mm。表面具红褐色或黑褐色波状断续横纹或云锦，两面各具数条纵棱；顶部呈丘状突起，周围具白色纤毛，基部具圆形突起。

药用部位　全草。

功　　效　清热解毒，利尿消肿。

采集时间　2016.11

采 集 地　海淀区

鉴 定 人　周良云

2mm
1mm

北马兜铃

来　源 北马兜铃 *Aristolochia contorta* Bge.，马兜铃科草质藤本。

性　状 种子呈钝三角形，薄片状，四周延伸成翅，长径约 8.5mm。背面棕色，粗糙，种仁所在部位呈心脏形，颜色较深；腹面灰褐色，平滑，稍有光泽，中央具一纵线纹为种脊，合点横线状，位于种仁上缘。种脐位于基部，稍突。

药用部位 茎叶、果实、根。

功　效 茎叶：行气止血，止痛，利尿；果实：清肺降气，止咳平喘，清肠消痔；根：健胃，理气止痛，降压。

采集时间 2018.11

采 集 地 延庆区

鉴 定 人 刘大海

5mm
2mm
2mm

木藤蓼

来　源　木藤蓼 *Fallopia aubertii* (L. Henry) Holub，蓼科半灌木。

性　状　瘦果呈卵形，具三棱，长约 3.5mm，宽约 2.5mm。表面棕黑色，略有光泽，粗糙显颗粒状；顶部急尖，膜质宿存花被常破损，仅基部残留，果梗位于基部。

药用部位　茎枝、根茎。

功　效　茎枝：清热，祛风，去湿，利尿，补血；根茎：外用于烧烫伤，毒蛇咬伤。

采集时间　2015.10

采 集 地　海淀区

鉴 定 人　陈莹婷

2mm
1mm

拳参

来　　源 拳参 *Polygonum bistorta* L.，蓼科多年生草本。

性　　状 瘦果呈椭圆形，具三棱，长 3.3～3.7mm，宽 1.8～2.2mm。表面褐色，先端颜色较深，表面光滑，有光泽；先端有一小段柱头宿存；果柄痕位于基部。

药用部位 根茎。

功　　效 清热解毒，消肿，止血。

采集时间 2016.9

采 集 地 延庆区

鉴 定 人 周良云

2mm
1mm

虎杖

来　源 虎杖 *Polygonum cuspidatum* Sieb. et Zucc.，蓼科多年生草本。

性　状 瘦果包裹于白色三棱状宿存花被内，宿存花被具放射状条纹，长约1cm，宽约5mm。瘦果呈卵状三棱形，长2～2.5mm，宽约1.5mm。表面亮红棕色，有光泽，无毛，残存花柱色浅；果柄痕位于基部，中心凹陷。

药用部位 根及根茎。

功　效 利湿退黄，清热解毒，散瘀止痛，止咳化痰。

采集时间 2019.10

采 集 地 海淀区

鉴 定 人 周良云

2mm

1mm
0.5mm

何首乌

来　源 何首乌 *Polygonum multiflorum* Thunb.，蓼科多年生缠绕草本。

性　状 瘦果呈卵形，具三棱，长约 4mm，宽约 2mm。表面黑色，有光泽，略粗糙；顶部急尖，果柄痕位于基部。

药用部位 块根、藤茎。

功　效 块根：解毒，消痈，截疟，润肠通便；藤茎：养血安神，祛风通络。

采集时间 2015.9

采 集 地 海淀区

鉴 定 人 周良云

2mm
1mm

杠板归

来　源 杠板归 *Polygonum perfoliatum* L.，蓼科一年生草本。

性　状 瘦果呈圆球形，直径约3mm。表面黑色，光滑，有光泽，具数条浅纵沟；顶部具宿存花柱形成的短柱状突起，基部具淡黄白色果柄。

药用部位 地上部分。

功　效 清热解毒，利水消肿，止咳。

采集时间 2015.9

采 集 地 海淀区

鉴 定 人 周良云

2mm
1mm

牛膝

来　源 牛膝 *Achyranthes bidentata* Bl.，苋科多年生草本。

性　状 胞果呈短圆柱形，略呈5面体，长约2.5mm，宽约1.2mm。表面黄褐色至棕褐色，薄膜质，显光泽，具纵向拉丝状纹理，可见突起的纵棱，有的棱略显黑色；顶部宿存细柱状花柱，基部残存果柄。外被宿存的花被，披针形，长约5mm，淡黄色；外有苞片1和小苞片2。小苞片刺状，长约3mm，顶端弯曲，基部两侧各有1卵形膜质小裂片。

药用部位 根。

功　效 逐瘀通经，补肝肾，强筋骨，利尿通淋，引血下行。

采集时间 2015.11

采 集 地 海淀区

鉴 定 人 周良云

2mm
1mm

2mm
1mm

鸡冠花

来　　源 鸡冠花*Celosia cristata* L.，苋科一年生草本。

性　　状 种子呈圆肾形，双凸透镜状，直径约1.5mm。表面黑色，极光亮，具有紧密嵌合的类矩圆形鳞片，略呈同心状排列；种脐明显，位于一边的缺刻内，稍突出；种脐两侧有延伸的凸起。

药用部位 干燥花序。

功　　效 收敛止血，止带，止痢。

采集时间 2015.10

采 集 地 东城区

鉴 定 人 周良云

1mm
0.5mm

垂序商陆

来　源 垂序商陆 *Phytolacca americana* L.，商陆科多年生草本。

性　状 种子呈肾形或近圆形，略扁，长约2.5mm，宽约2mm。表面黑色，有光泽；背部弓曲，腹部较平直，偏下侧有一凹缺；种脐位于基部凹缺内，黄白色。

药用部位 块根、种子、叶。

功　效 块根：逐水消肿，利尿通便，解毒散结；种子：利尿；叶：解热。

采集时间 2015.11

采 集 地 海淀区

鉴 定 人 周良云

2mm
1mm

石竹

来　源 石竹 *Dianthus chinensis* L.，石竹科多年生草本。

性　状 种子呈阔椭圆形至圆形，片状，常扭曲，长约2.2mm，宽约2mm。表面灰黑色至黑色，密生条状凸起；背面稍拱，有一长椭圆形环，中央区域条状凸起纵行排列，周边区域条状凸起放射状排列；腹面稍内凹，条状凸起近放射状排列；腹面中央具突起种脐，有的不明显；通过种脐有1条棱状延伸至边缘，在边缘形成短尾状外突。

药用部位 地上部分。

功　效 利尿通淋，活血通经。

采集时间 2016.10

采 集 地 延庆区

鉴 定 人 周良云

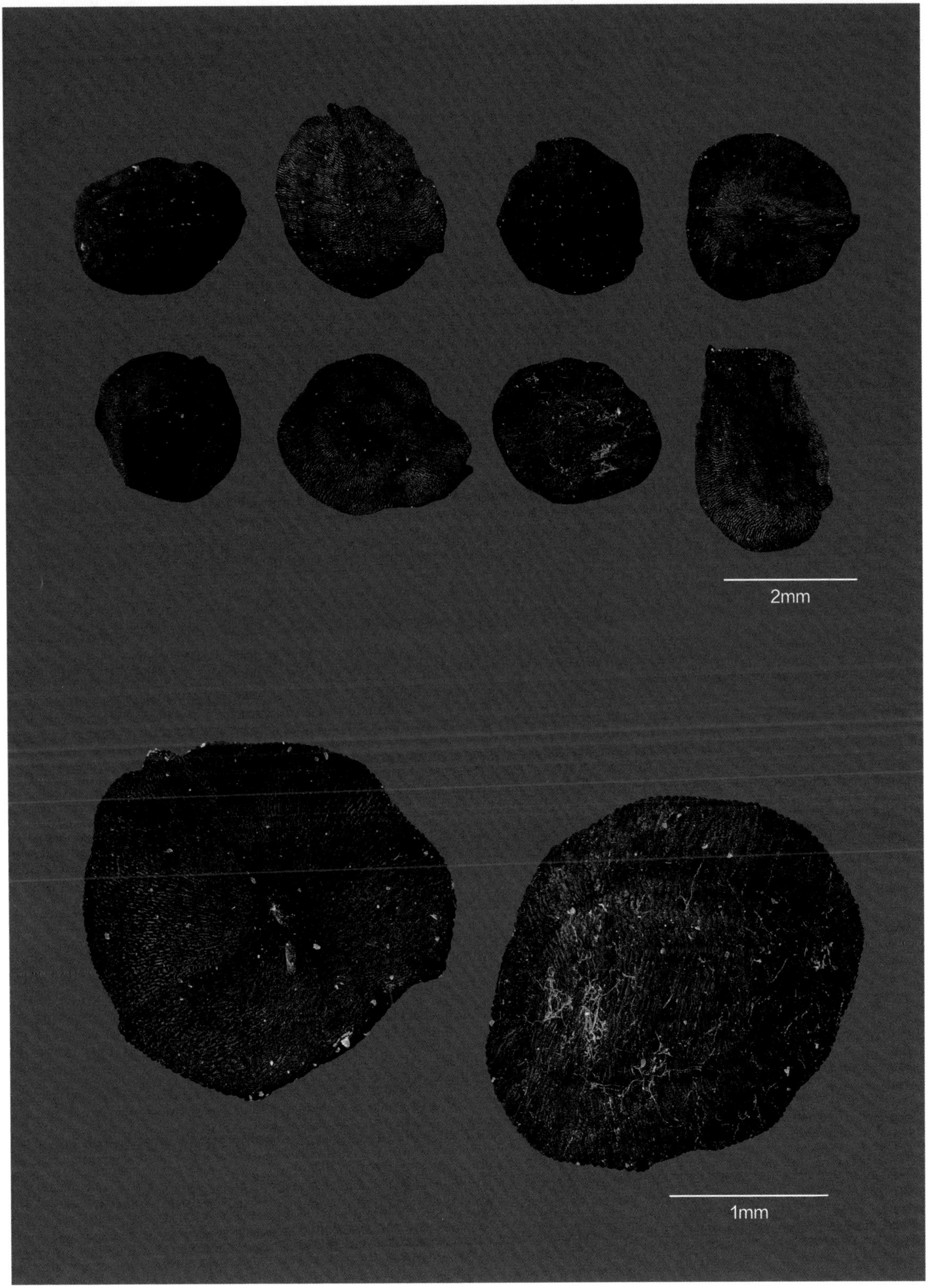
2mm
1mm

瞿麦

来　源 瞿麦 *Dianthus superbus* L.，石竹科多年生草本。

性　状 种子呈倒卵形，片状，常扭曲，长约2.2mm，宽约2mm。表面灰黑色至黑色，略有光泽，密生条状凸起，断续相连；背面中央具长椭圆形环，环内条状凸起近平行排列，周边条状凸起近放射状排列；腹面条状凸起放射状排列；腹面中央具点状种脐。

药用部位 地上部分。

功　效 利尿通淋，活血通经。

采集时间 2016.10

采 集 地 延庆区

鉴 定 人 周良云

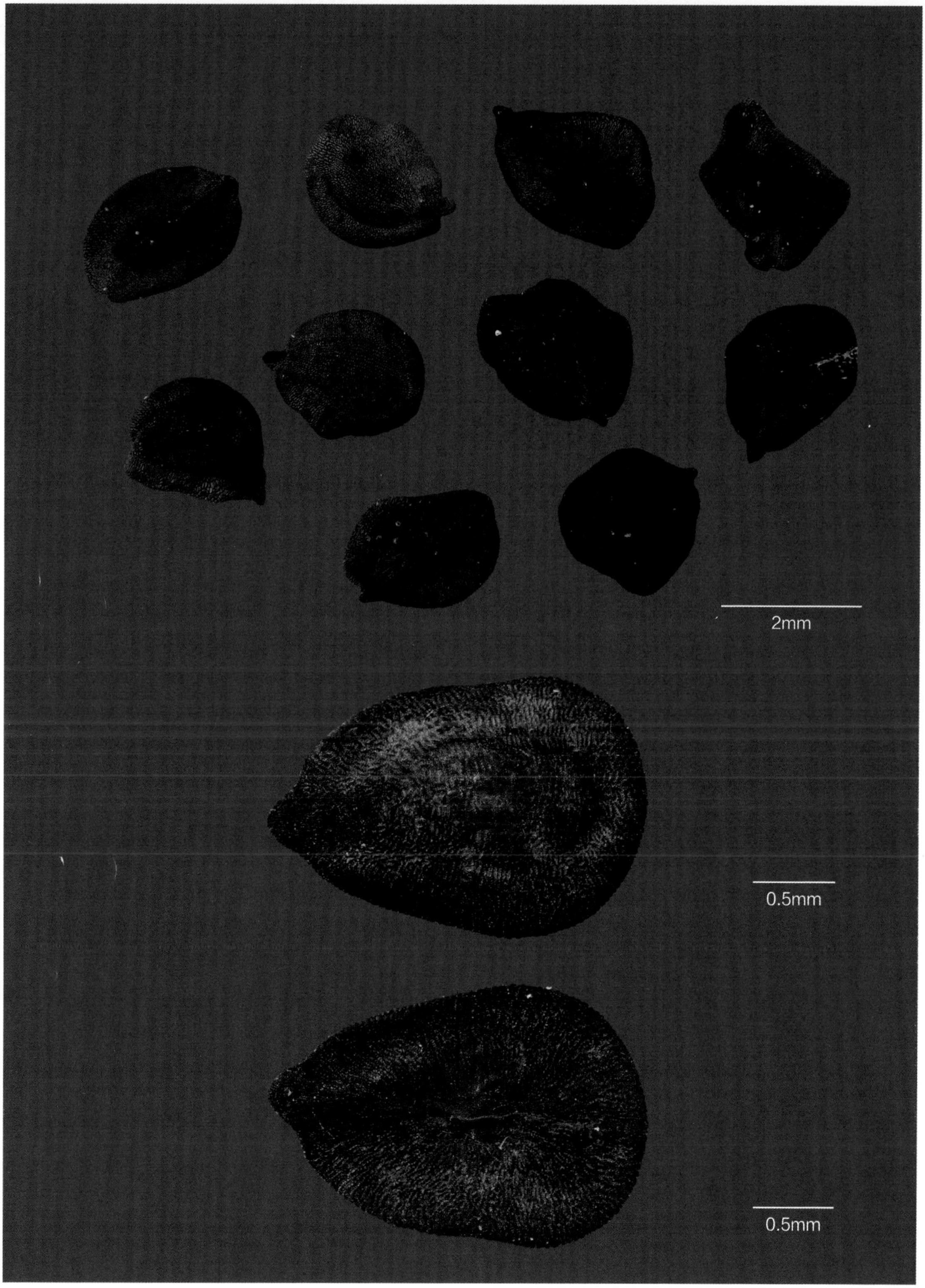
2mm
0.5mm
0.5mm

鹅肠菜

来　　源　鹅肠菜 *Myosoton aquaticum* (L.) Moench，石竹科二年生或多年生草本。

性　　状　种子呈类圆肾形，稍扁，直径约 1mm。表面浅红褐色，密被不规则齿轮状凸起；种脐位于肾形的凹陷处。

药用部位　全草。

功　　效　清热解毒，散瘀消肿。

采集时间　2016.5

采 集 地　东城区

鉴 定 人　周良云

1mm
0.5mm

肥皂草

来　　源　肥皂草 *Saponaria officinalis* L.，石竹科多年生草本。

性　　状　种子呈肾形，长 1.8～2.3mm，宽 1.5～1.9mm。表面黑褐色，具近同心环状排列的瘤状凸起；种脐位于肾形的凹陷处。

药用部位　根。

功　　效　祛痰，利尿。

采集时间　2015.9

采 集 地　海淀区

鉴 定 人　周良云

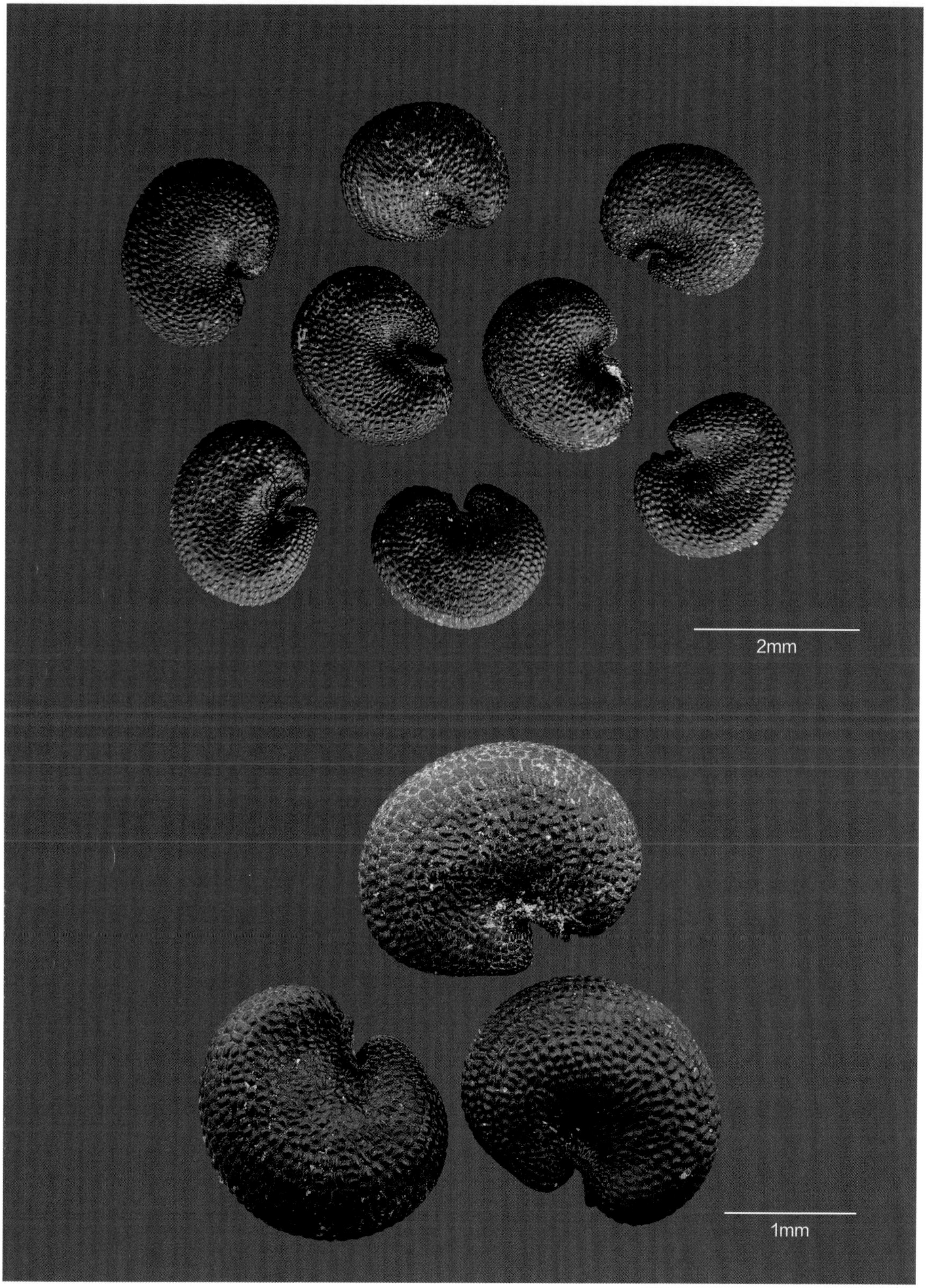
2mm
1mm

石生蝇子草

来　　源　石生蝇子草 *Silene tatarinowii* Regel，石竹科多年生草本。

性　　状　种子呈肾形，两侧稍压扁，长 1.1～1.4mm；宽约 1mm。表面土灰色，具疣突，在脊处每疣突具 10 余齿，相邻疣突间齿与沟紧密嵌合，至肾口处疣突渐小其齿渐平；种脐位于肾口处，凹陷，灰黑色。

药用部位　根。

功　　效　补虚，益精，健胃肠。

采集时间　2016.9

采 集 地　延庆区

鉴 定 人　王钧杰

1mm

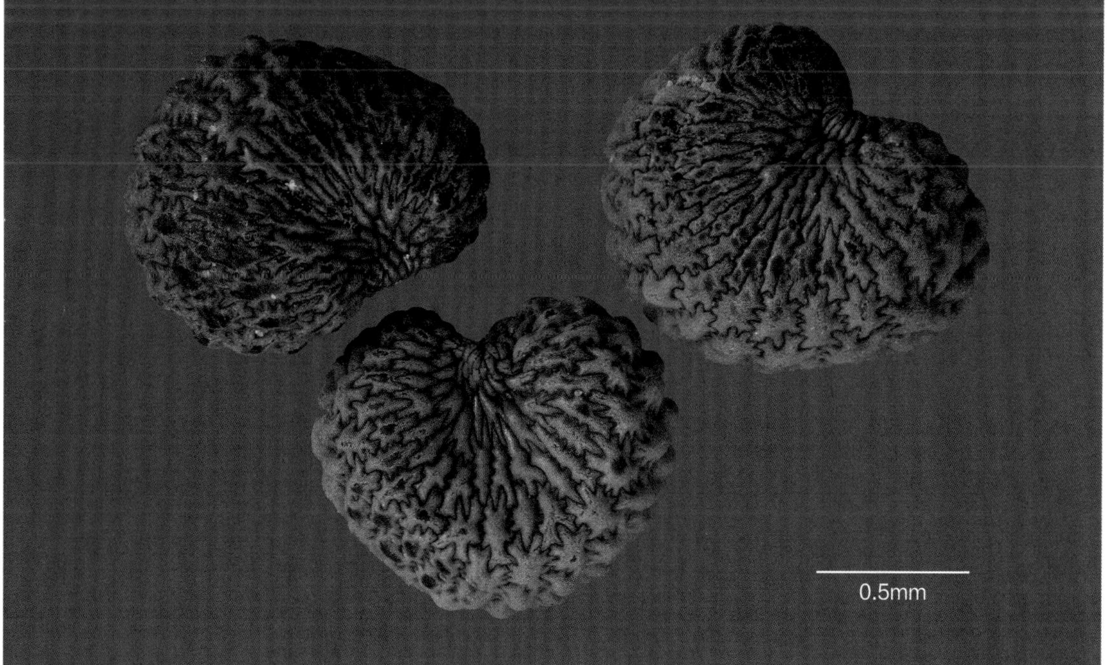
0.5mm

牛扁

来　源　牛扁 *Aconitum barbatum* var. *puberulum* Ledeb.，毛茛科多年生草本。

性　状　种子呈不规则菱形，长约 3mm（含翅），宽约 1.5mm（含翅）。表面灰白色至黑褐色，具纵棱，种子整体密生横翅。

药用部位　根。

功　效　祛风止痛，止咳化痰，平喘。

采集时间　2015.9

采 集 地　延庆县

鉴 定 人　周良云

2mm
1mm

北乌头

来　　源　北乌头 *Aconitum kusnezoffii* Reichb.，毛茛科多年生草本植物。

性　　状　种子呈扁椭圆形，长约 5mm（含翅），宽约 2.5mm（含翅）。表面灰棕色至黑褐色，长条状纵皱纹明显，一侧具多数横隔膜，如金鱼的腹鳍，另一侧无横隔膜。

药用部位　块根。

功　　效　祛风除湿，温经止痛。

采集时间　2015.11

采 集 地　延庆区

鉴 定 人　周良云

2mm
1mm

高乌头

来　　源　高乌头 *Aconitum sinomontanum* Nakai，毛茛科多年生草本植物。

性　　状　种子呈不规则菱形，长约 3mm（含翅），宽约 2mm（含翅）。表面黄棕色至黑褐色，具数条纵棱，种子整体密生横翅，翅上条纹明显。

药用部位　根。

功　　效　祛风除湿，理气止痛，活血散瘀。

采集时间　2015.8

采 集 地　延庆县

鉴 定 人　纪瑞锋

2mm
1mm

翠雀

来　　源　翠雀 *Delphinium grandiflorum* L.，毛茛科多年生草本植物。

性　　状　种子呈不规则多面体形，径约 2mm。表面黄棕色至黑褐色，凹凸不平，具细密的条状纹理。

药用部位　全草。

功　　效　泻火止痛，风热牙痛，灭虱。

采集时间　2018.10

采 集 地　延庆区

鉴 定 人　刘大海

2mm
1mm

草芍药

来　　源　草芍药 *Paeonia obovata* Maxim.，毛茛科多年生草本。

性　　状　种子呈椭圆状球形，长径6～7mm，短径约5.5mm。表面黑棕色，有少量不规则皱缩形成的条状突起，表面可见散在的小瘤状物，有个别瘤状物较大，瘤尖暗红色；种脐位于基部。

药用部位　根。

功　　效　养血调经，凉血止痛。

采集时间　2017.9

采 集 地　延庆区

鉴 定 人　纪瑞锋

5mm
2mm

金莲花

来　　源　金莲花 *Trollius chinensis* Bunge，毛茛科多年生草本。

性　　状　种子呈不规则椭圆形，长约 1.8mm，宽约 1.4mm。表面黑色，被极细点状网纹，无毛；种子具数条纵肋，一侧稍平或凹陷；种脐位于基部。

药用部位　花。

功　　效　清热解毒，消肿，明目。

采集时间　2019.7

采 集 地　海淀区

鉴 定 人　陈莹婷

1mm
0.5mm

蝙蝠葛

来　　源 蝙蝠葛 *Menispermum dauricum* DC.，防己科草质藤本。

性　　状 核果的内果皮坚硬，长约 7mm。表面黄白色，显放射状绢丝样纹理；基部有深约 2mm 的缺刻，使呈“C”形卷曲，中间凹，可见数个小孔；边缘皱缩不平，略呈齿状突起，种脐位于基部。

药用部位 根茎。

功　　效 清热解毒，祛风止痛。

采集时间 2015.9

采 集 地 延庆县

鉴 定 人 周良云

5mm
2mm

五味子

来　　源　五味子 *Schisandra chinensis* (Turcz.) Baill.，木兰科木质藤本。

性　　状　种子呈肾形，长 3.5～5mm，宽约 3mm，厚约 2.5mm。表面黄褐色，平滑，有光泽；背面弓曲，腹面内凹，种脐位于腹面凹陷处，短条形，由凹陷处向种子两侧面伸长。

药用部位　成熟果实。

功　　效　收敛固涩，益气生津，补肾宁心。

采集时间　2016.1

采 集 地　延庆区

鉴 定 人　周良云

2mm
1mm

白屈菜

来　　源　白屈菜 *Chelidonium majus* L.，罂粟科多年生草本。

性　　状　种子呈卵圆形，长约 1.4mm，宽约 1mm。表面黑褐色，具粗网纹，有光泽；背面弓曲，腹面平直，具深褐色纵棱，纵棱中部延生巨大的鸡冠状附属物，淡黄色；顶部圆，基部具黑褐色小突起，种脐在小突起与鸡冠状附属物之间，色较浅。

药用部位　全草。

功　　效　解痉止痛，止咳平喘。

采集时间　2018.6

采 集 地　延庆区

鉴 定 人　周良云

1mm
0.5mm

花菱草

来　源　花菱草 *Eschscholzia californica* Chamisso，罂粟科多年生草本。

性　状　种子呈球形，直径约 1.5mm。表面有白色膜质状物，排列有不规则的大型网格纹，网格黄白色，边缘突起，网眼不规则形；有时表面白色膜质物脱落，可见棕黑色种皮。

药用部位　全草。

功　效　催眠，镇痛。

采集时间　2016.8

采 集 地　海淀区

鉴 定 人　周良云

2mm
1mm

野罂粟

来　　源　野罂粟 *Papaver nudicaule* L.，罂粟科多年生草本。

性　　状　种子呈肾形，长 0.7～1.2mm，宽约 0.5mm。表面褐色，具排列整齐近长方形的网格，长方形格状走向与种子长轴同向；种脐位于种子凹陷的腹面。

药用部位　果壳或带花的全草。

功　　效　敛肺止咳，涩肠止痛，镇痛。

采集时间　2015.8

采 集 地　延庆县

鉴 定 人　周良云

1mm
0.5mm

罂粟

来　源 罂粟 *Papaver somniferum* L.，罂粟科一年生草本。

性　状 种子呈肾形，长0.8～1mm，宽约0.8mm。表面灰白色，具显著粗网纹，网壁清晰，网眼深，多为四角形或五角形；背面圆形弓曲，腹面凹缺在中部；种脐位于腹面凹缺处。

药用部位 成熟果壳。

功　效 敛肺，涩肠，止痛。

采集时间 2015.5

采 集 地 海淀区

鉴 定 人 周良云

1mm
0.5mm

垂果南芥

来　源　垂果南芥 *Arabis pendula* L.，十字花科二年生草本。

性　状　种子呈椭圆形，扁平，边缘有环状的宽翅，长约1.6mm（含翅），宽约1.2mm（含翅）。表面黄棕色至红褐色，具细密的蜂巢状网纹；种脐位于基部。

药用部位　果实。

功　效　清热解毒，消肿。

采集时间　2015.8

采集地　延庆县

鉴定人　纪瑞锋

1mm
0.5mm

荠

来　　源　荠 *Capsella bursa-pastoris* (L.) Medic.，十字花科一年或二年生草本。

性　　状　种子呈长椭圆形，略扁，长 0.8～1mm，宽 0.3～0.5mm。表面黄棕色至红棕色，具 2 条纵向凹槽，整体具长格状纹理；种脐位于基部，白色，其周围棕褐色。

药用部位　全草。

功　　效　凉肝止血，平肝明目，清热利湿。

采集时间　2016.7

采 集 地　延庆区

鉴 定 人　纪瑞锋

1mm
0.5mm

碎米荠

来　源　碎米荠 *Cardamine hirsuta* L.，十字花科一年生草本。

性　状　种子呈椭圆形，长约0.8mm，宽约0.5mm。表面黄棕色，具凹槽和细密小凸起；种脐位于基部，白色，其周围棕褐色。

药用部位　全草。

功　效　清热利湿。

采集时间　2016.6

采 集 地　海淀区

鉴 定 人　纪瑞锋

1mm
0.5mm

播娘蒿

来　　源　播娘蒿 *Descurainia sophia* (L.) Webb. ex Prantl.，十字花科一年生草本。

性　　状　种子呈长圆形略扁，长约 1mm，宽约 0.5mm。表面黄棕色，具凹槽，表面有颗粒状小凸起；顶部钝圆；基部微凹或近平截；种脐位于基部，白色，周围棕褐色。

药用部位　种子。

功　　效　泻肺平喘，行水消肿。

采集时间　2016.6

采 集 地　海淀区

鉴 定 人　周良云

1mm
0.5mm

葶苈

来　源　葶苈 *Draba nemorosa* L.，十字花科一年生或二年生草本。

性　状　种子呈椭圆形，长约0.6mm，宽约0.4mm。表面黄褐色至红褐色，具细密网纹，可见纵沟一条；顶部圆钝，基部略突起；种脐位于基部，白色，周围色深。

药用部位　种子。

功　效　泻肺平喘，行水消肿。

采集时间　2016.7

采 集 地　延庆区

鉴 定 人　周良云

0.5mm

菘蓝

来　源 菘蓝 *Isatis indigotica* Fort.，十字花科二年生草本。

性　状 种子呈长圆柱状，长约4.5mm，宽约1.5mm。表面黄色至黄褐色，可见两条纵沟，顶部圆钝，基部稍偏斜，种脐位于基部，白色，周围黑褐色，有时可见残留白色种柄。

药用部位 叶；块根。

功　效 叶：清热解毒，凉血消斑；根：清热解毒，凉血利咽。

采集时间 2015.6

采 集 地 海淀区

鉴 定 人 周良云

2mm
1mm

独行菜

来　源　独行菜 *Lepidium apetalum* Willd.，十字花科一年或二年生草本。

性　状　种子呈倒卵形，偏斜，略扁，长约1.4mm，宽约0.8mm。表面棕黄色至红褐色，近中央可见凹槽，密布网格纹理；种脐位于基部凹缺内，白色，周围色较深。

药用部位　种子。

功　效　泻肺平喘，行水消肿。

采集时间　2015.8

采集地　东城区

鉴定人　周良云

1mm
0.5mm

蚓果芥

来　　源　蚓果芥 *Neotorularia humilis* (C. A. Meyer) Hedge & J. Léonard，十字花科多年生草本。

性　　状　种子呈长圆形，长约 1mm。表面浅麦色，具颗粒状突起，中央凹陷，顶部钝圆；种脐位于基部，白色，周围色深。

药用部位　全草。

功　　效　健胃，解毒。

采集时间　2017.5

采 集 地　门头沟区

鉴 定 人　周良云

0.5mm

菥蓂

来　源　菥蓂 *Thlaspi arvense* L.，十字花科一年生草本。

性　状　种子呈倒卵形或椭圆形，扁平，长约2mm，宽约1.2mm。表面紫黑色，粗糙，具白色膜质物，多圈环形纹理明显，环间有小横纹；种脐突起位于基部凹缺内，黄白色。

药用部位　地上部分。

功　效　清肝明目，和中利湿，解毒消痈。

采集时间　2016.5

采 集 地　海淀区

鉴 定 人　纪瑞锋

1mm

0.5mm

狭叶红景天

来　　源 狭叶红景天 *Rhodiola kirilowii* (Regel) Maxim.，景天科多年生草本。

性　　状 种子呈长圆状披针形，长约 1.5mm，宽约 0.5mm。表面玫红色，略呈半透明状，表面有干后皱缩形成的纵条纹。

药用部位 根及根茎。

功　　效 清热解毒，燥湿。

采集时间 2018.5

采 集 地 延庆区

鉴 定 人 周良云

1mm
0.5mm

梅花草

来　　源 梅花草 *Parnassia palustris* L.，虎耳草科多年生草本。

性　　状 种子呈长棒状或略弯曲棒状，长约 1mm，宽约 0.5mm。表面褐色，蛇蜕样，具排列整齐的长椭圆形网格，网纹黄褐色稍突起，网眼白色鳞片状，有光泽。

药用部位 全草。

功　　效 清热凉血，解毒消肿，止咳化痰。

采集时间 2015.11

采 集 地 延庆区

鉴 定 人 周良云

0.5mm
0.2mm

杜仲

来　　源　杜仲 *Eucommia ulmoides* Oliv.，杜仲科高大乔木。

性　　状　翅果扁平，长椭圆形，长约3cm，宽约1.2cm，先端2裂，基部楔形，周围具薄翅。种子呈长圆形，扁平，长约12mm，宽约3mm。表面黄褐色，色泽不均匀，有不规则凸起；一侧有1深褐色棱线直达脐部，种脐不明显，圆形，褐色，位于基部。

药用部位　树皮。

功　　效　补肝肾，强筋骨，安胎。

采集时间　2015.11

采 集 地　东城区

鉴 定 人　周良云

1cm
2mm

山桃

来　　源　山桃 *Prunus davidiana* (Carr.) Franch. 蔷薇科乔木。

性　　状　果核椭球形，表面有不规则沟壑。种子呈扁长卵形，长 0.9～1.5cm，宽 0.7～1cm，厚 0.5～0.8cm。表面黄棕色，密布颗粒状凸起；端尖，中部膨大，另端钝圆稍偏斜，边缘较薄；尖端侧有短线形种脐，圆端有颜色略深不甚明显的合点，自合点处发出多数纵向维管束。

药用部位　种子。

功　　效　活血祛瘀，润肠通便，止咳平喘。

采集时间　2015.7

采 集 地　海淀区

鉴 定 人　周良云

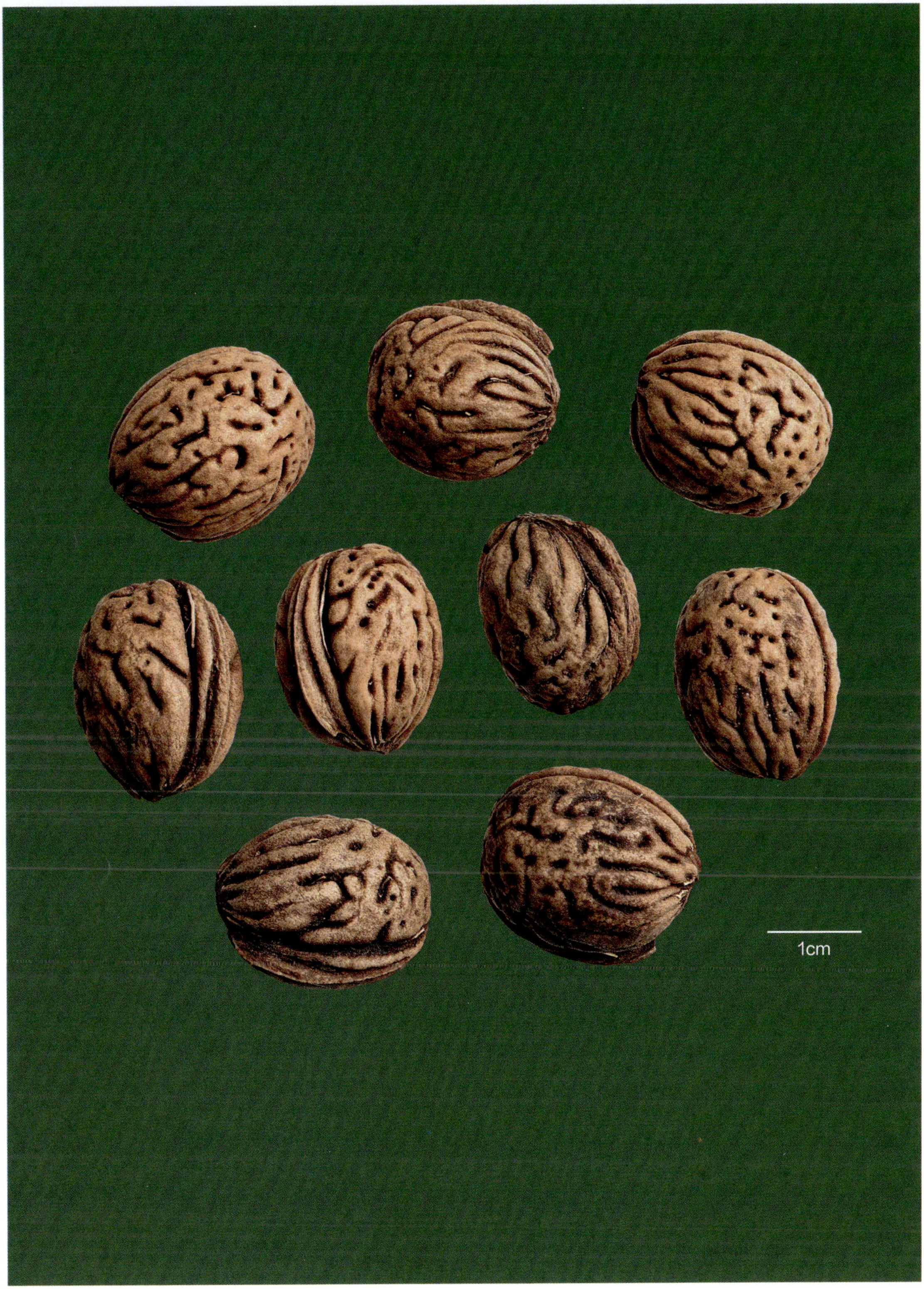
1cm

5mm
2mm

郁李

来　　源 郁李 *Prunus japonica* Thunb. 蔷薇科灌木。

性　　状 果核呈椭圆形，两侧鼓起呈透镜状，先端有突尖，一面边缘处有纵沟，表面粗糙；种子呈倒卵状圆锥形，先端尖，基部圆钝，长约5mm，宽近4mm。表面红棕色，粗糙，有白色点状晶体，表面有若干条从基部发出的浅色细条纹；种脐位于尖端一侧，线形，色浅。

药用部位 种子。

功　　效 润肠通便，下气利水。

采集时间 2016.7

采 集 地 海淀区

鉴 定 人 王钧杰

5mm

2mm
1mm

蛇莓

来　　源　蛇莓 *Duchesnea indica* (Andr.) Focke，蔷薇科多年生草本。

性　　状　瘦果近卵形，长径约 1.5mm。表面暗红色，具不明显的网状纹理；腹面平直，一端鸟嘴状凸起，另一端具米黄色果柄痕，背面弓曲。

药用部位　全草。

功　　效　清热解毒，散瘀消肿。

采集时间　2019.9

采 集 地　海淀区

鉴 定 人　周良云

1mm
0.5mm

路边青

来　　源 路边青 *Geum aleppicum* Jacq.，蔷薇科多年生草本。

性　　状 瘦果呈长椭圆形，稍扁，长约 5mm（不包括宿存花柱），宽约 1.5mm。表面黄褐色，粗糙，被白色毛；周缘围绕着红褐色带状脊，脊上被白色长毛；顶部具斜向一侧的宿存花柱，花柱长约 3mm，末端具钩状柱头；瘦果基部略偏斜。

药用部位 全草。

功　　效 祛风，除湿，止痛，镇痉。

采集时间 2015.8

采 集 地 延庆县

鉴 定 人 周良云

2mm

蕤核

来　源 蕤核 *Prinsepia uniflora* Batal.，蔷薇科灌木。

性　状 内果皮骨质，倒卵形，稍扁，基部稍歪斜，长约 8mm，宽约 6.5mm。表面浅棕色，有不规则网状沟槽，沟槽边缘颜色稍深；果柄痕位于基部。

药用部位 果实。

功　效 养肝明目，疏风散热。

采集时间 2016.6

采集地 海淀区

鉴定人 王钧杰

5mm
2mm

火棘

来　源　火棘 *Pyracantha fortuneana* (Maxim.) Li，蔷薇科常绿灌木。

性　状　种子呈盔帽状，长约2.5mm。表面棕黑色，有黄褐色斑点散在，两侧面平坦，背部突起；种脐明显，黄白色，粗糙。

药用部位　果实、根、叶。

功　效　果实：消积止痢，活血止血；根：清热凉血；叶：清热解毒。

采集时间　2017.12

采 集 地　海淀区

鉴 定 人　陈莹婷

2mm
1mm

牛叠肚

来　　源 牛叠肚 *Rubus crataegifolius* Bge.，蔷薇科常绿灌木。

性　　状 核果呈半圆形，长约2.3mm，宽约1.3mm。表面骨白色，具明显网状凹陷，凹陷处可见小刺突；背部弓曲，腹部有一纵棱，棱基部稍变宽。

药用部位 果实。

功　　效 补肝肾，缩小便。

采集时间 2016.7

采 集 地 朝阳区

鉴 定 人 王钧杰

1mm

0.5mm

合欢

来　源　合欢 *Albizia julibrissin* Durazz.，豆科高大落叶乔木。

性　状　种子呈长椭圆形，扁平，长 9～10mm，宽约 4.5mm。表面棕褐色，具有一圈线形棱纹；种脐位于基部，褐色。

药用部位　树皮、花序或花蕾。

功　效　树皮：解郁安神，活血消肿；花序或花蕾：解郁安神。

采集时间　2016.10

采 集 地　西城区

鉴 定 人　周良云

5mm
2mm

膜荚黄芪

来　　源 膜荚黄芪 *Astragalus membranaceus* (Fisch.) Bge.，豆科多年生草本。

性　　状 种子呈宽卵状肾形，略扁，长2.4～3.4mm，宽2.0～2.6mm，厚约1.2mm。表面暗棕色或黑褐色，有的具不规则黑色斑块，平滑，稍有光泽，腹侧突起，凹入处具白色圆点状种脐，背部弓曲。

药用部位 根。

功　　效 补气升阳，固表止汗，利水消肿，生津养血，行滞通痹，托毒排脓，敛疮生肌。

采集时间 2015.8

采 集 地 海淀区

鉴 定 人 周良云

2mm

1mm

蒙古黄芪

来　　源　蒙古黄芪 *Astragalus membranaceus* (Fisch.) Bge. var. *mongholicus* (Bge.) Hsiao，豆科多年生草本。

性　　状　种子呈宽卵状肾形，略扁，长2.4～3.4mm，宽2.0～2.6mm，厚约1.2mm。表面暗棕色或灰褐色，具不规则黑色斑，平滑，稍有光泽，腹侧突起，凹入处具白色圆点状种脐，背部弓曲。

药用部位　根。

功　　效　补气升阳，固表止汗，利水消肿，生津养血，行滞通痹，托毒排脓，敛疮生肌。

采集时间　2015.6

采 集 地　海淀区

鉴 定 人　周良云

2mm

1mm

皂荚

来　　源　皂荚 *Gleditsia sinensis* Lam.，豆科高大落叶乔木。

性　　状　种子呈卵圆形或不规则椭圆形而稍扁，长约 12mm，宽约 8mm。表面黄棕色，平滑而有光泽，种皮革质，坚硬，表面有细小的横裂纹；一端钝圆，一端略尖；种脐位于尖的一端，小而明显。

药用部位　棘刺、果实（不育）。

功　　效　棘刺：消肿托毒，排脓，杀虫；果实（不育）：祛痰开窍，散结消肿。

采集时间　2016.3

采 集 地　海淀区

鉴 定 人　周良云

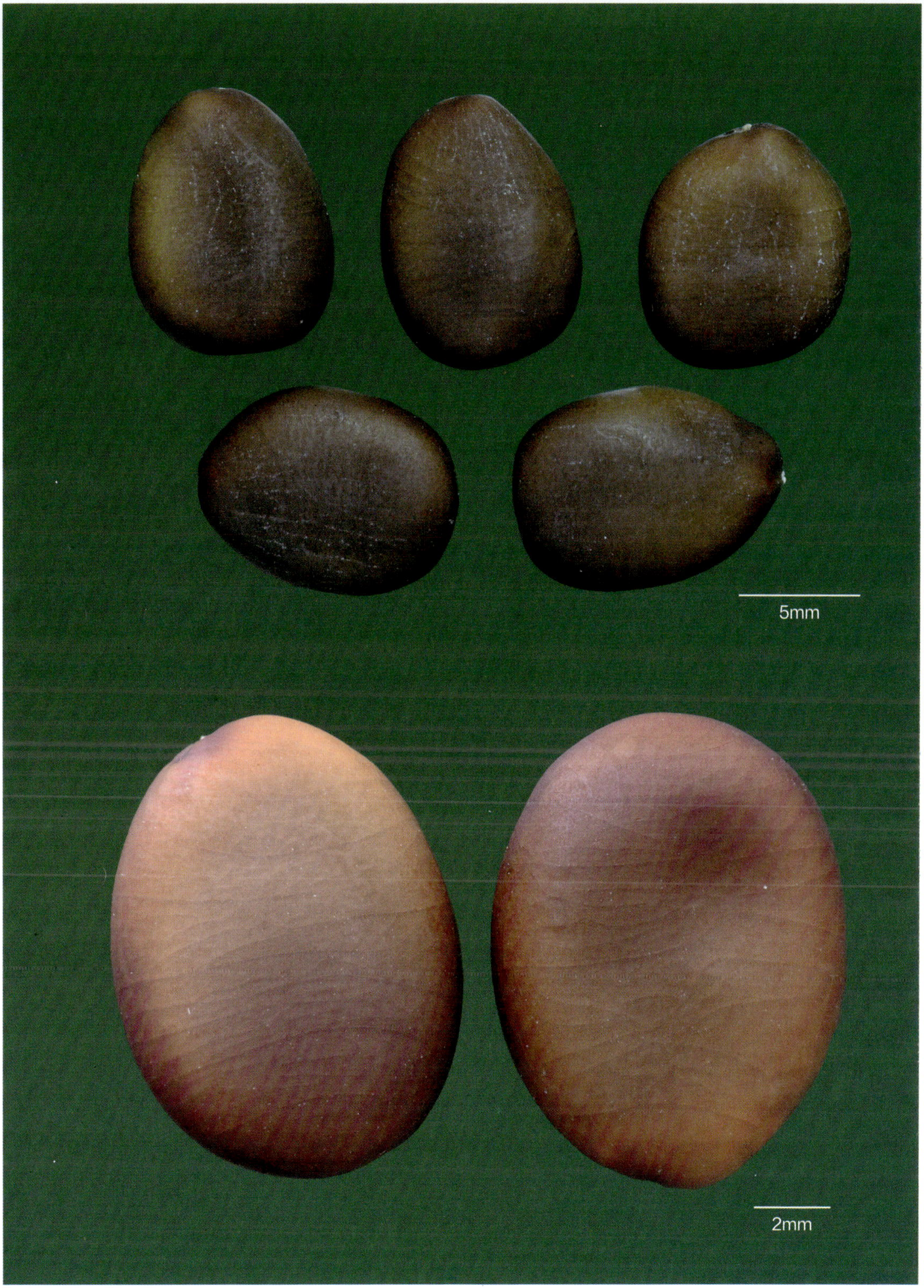
5mm
2mm

少花米口袋

来　　源　少花米口袋 *Gueldenstaedtia verna* (Georgi) Boriss.，豆科多年生草本。

性　　状　种子呈圆肾形，直径 1.2～1.8mm。表面黄棕色，具细密网纹和凹点，凹点内具紫色斑点；种脐位于腹侧凹入处，背部弓曲。

药用部位　全草。

功　　效　清热解毒，消肿止痛。

采集时间　2016.6

采 集 地　海淀区

鉴 定 人　陈莹婷

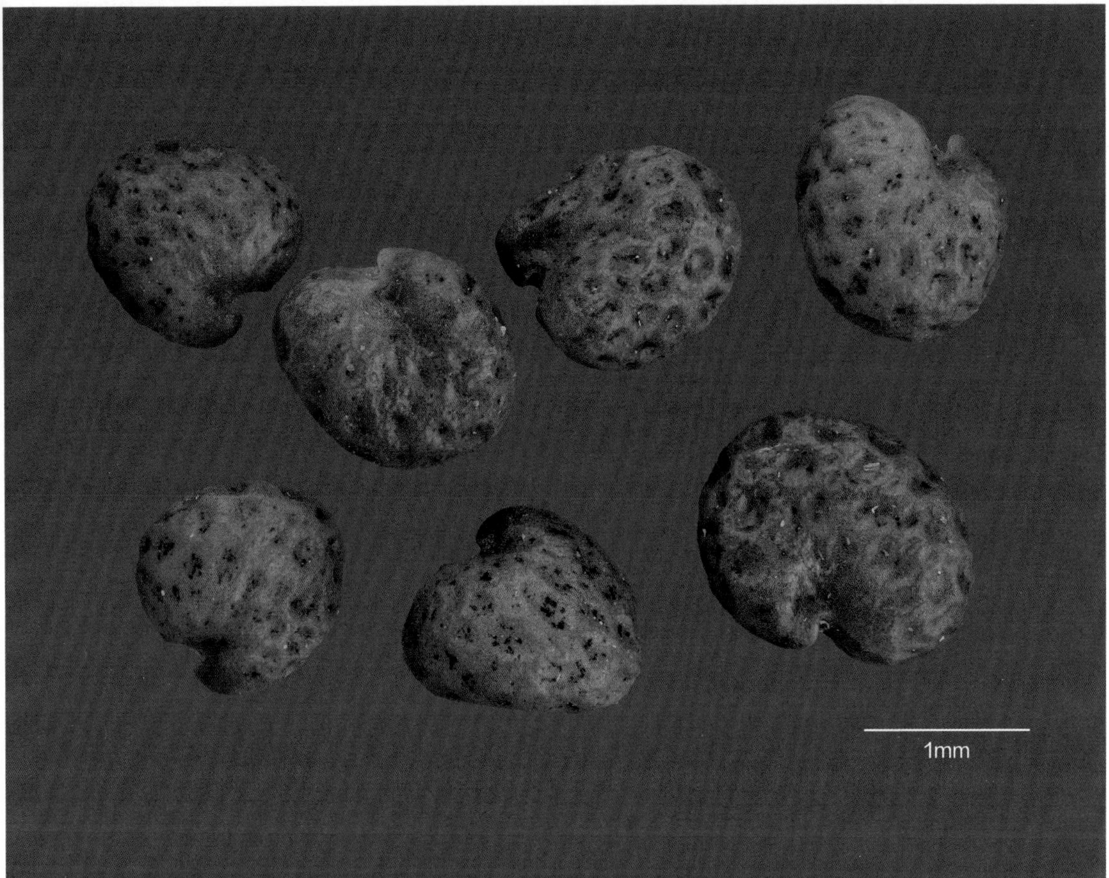
1mm

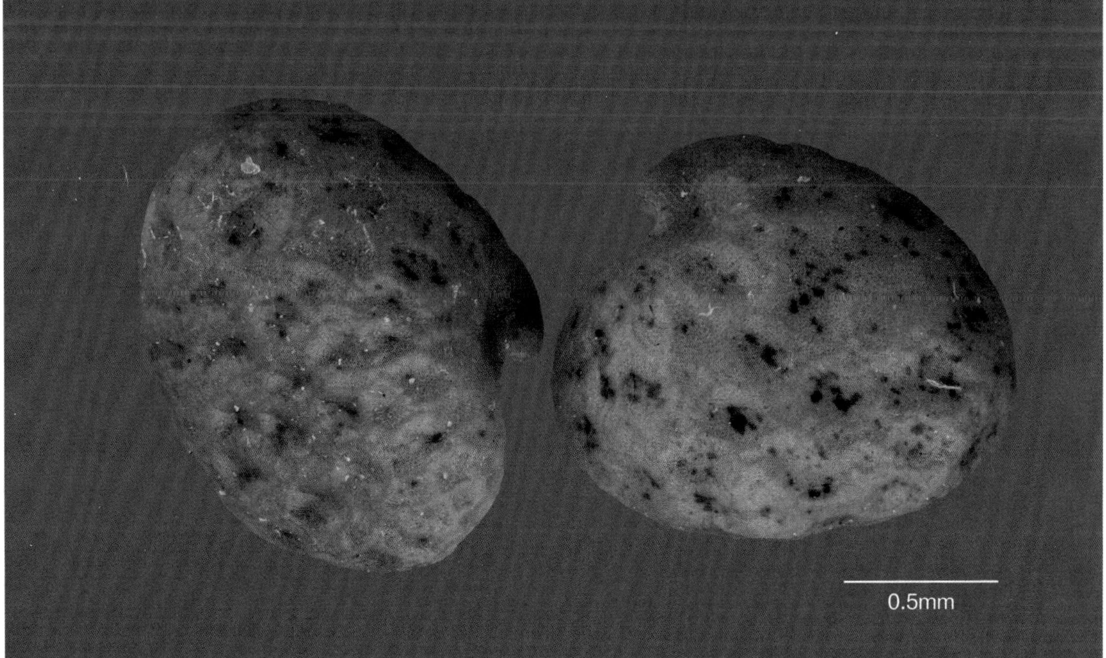
0.5mm

天蓝苜蓿

来　　源　天蓝苜蓿 *Medicago lupulina* L.，豆科一、二年生或多年生草本。

性　　状　荚果呈肾圆形，直径 2～3mm。表面亮黑色，具同心弧形脉纹，被稀疏灰白色毛；内有种子 1 粒，种子卵肾形，长约 2mm，宽 1.2～1.5mm。表面黄褐色，常具细裂纹；腹面平直，中间具一乳突，种脐在凹陷处，背面弓曲。

药用部位　全草。

功　　效　清热利湿，凉血止血，舒筋活络。

采集时间　2016.6

采 集 地　延庆区

鉴 定 人　陈莹婷

1mm

1mm

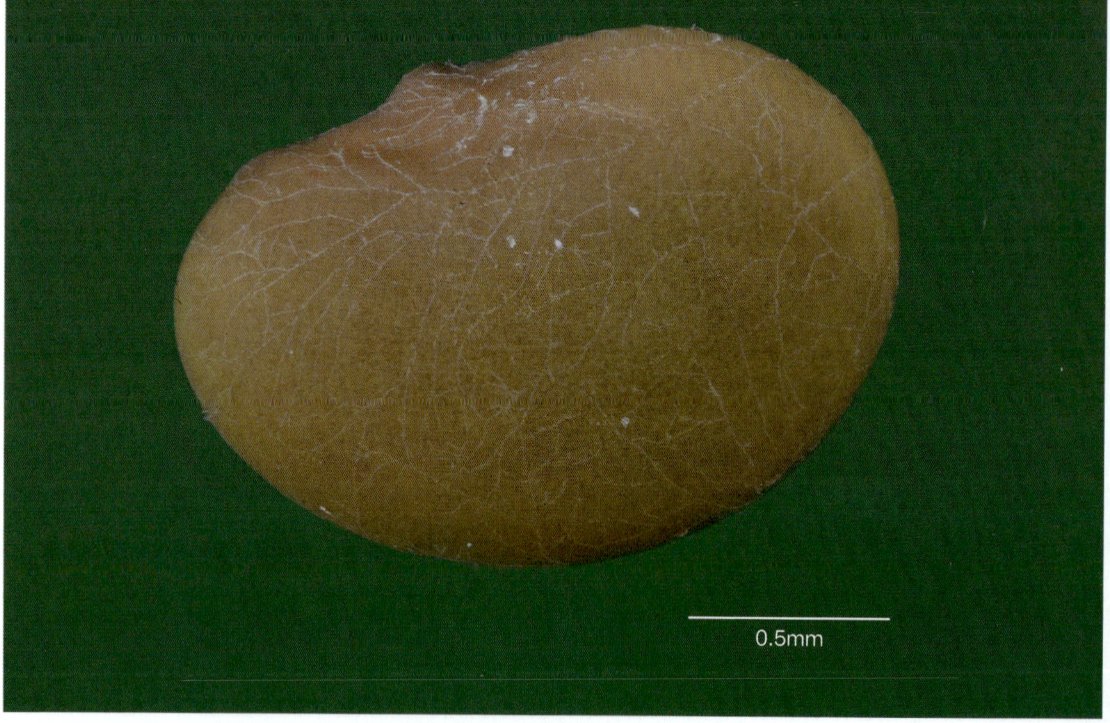
0.5mm

刺槐

来　　源　刺槐 *Robinia pseudoacacia* L.，豆科落叶乔木。

性　　状　种子呈卵状肾形，长约 6mm，宽约 3mm。表面黑棕色，光滑，有些许浅凹坑；种脐位于腹部 1/3 凹陷处，白色，可见鸟喙状附属物，常脱落。

药用部位　花、树皮、茎皮、根皮、叶。

功　　效　花：止血；树皮、茎皮和根皮：清热解毒，祛风止痛；叶：与树皮相似，但功效较弱。

采集时间　2016.9

采 集 地　海淀区

鉴 定 人　王钧杰

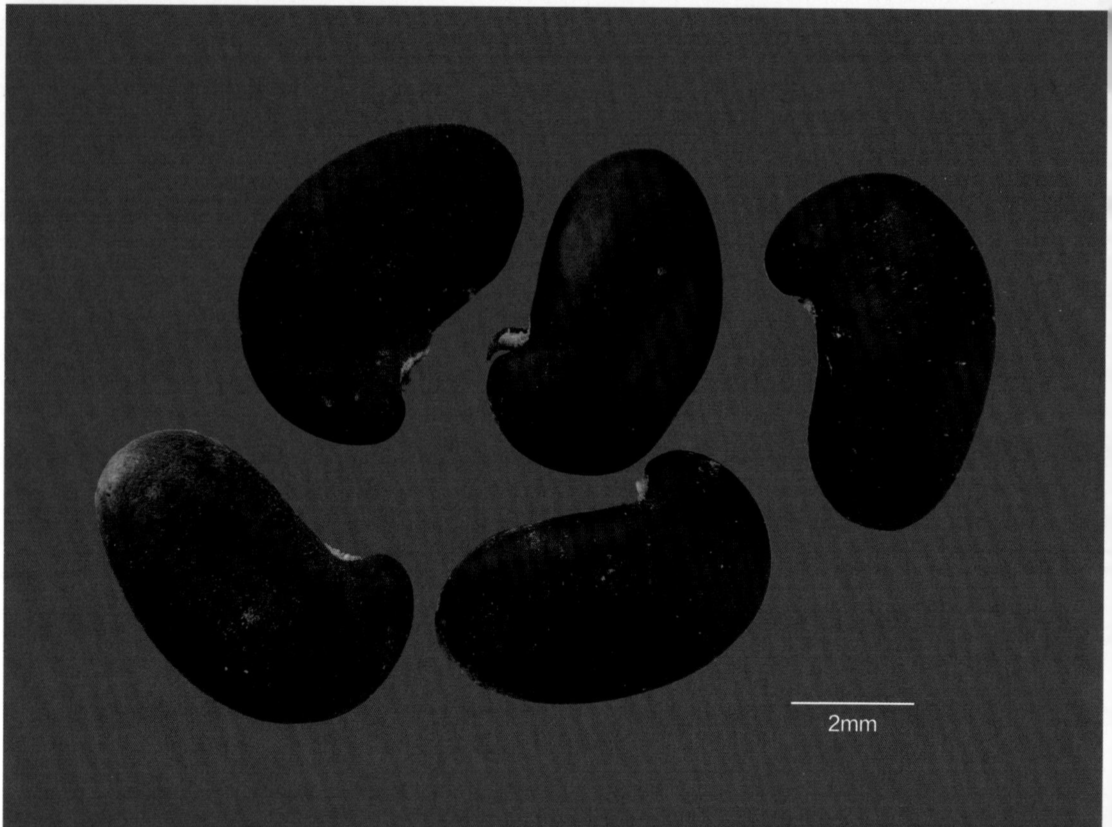
2mm

1mm

苦 参

来　　源 苦参 *Sophora flavescens* Ait.，豆科多年生草本或亚灌木。

性　　状 种子呈椭球形，长约 5mm，宽约 3.5mm。表面黄褐色至玫红色，光滑；背面稍平，具一纵脊；腹面平坦，具一线纹；种脐在上部凹陷处，长椭圆形，底部见一线痕。

药用部位 根。

功　　效 清热燥湿，杀虫，利尿。

采集时间 2015.9

采 集 地 延庆县

鉴 定 人 周良云

2mm

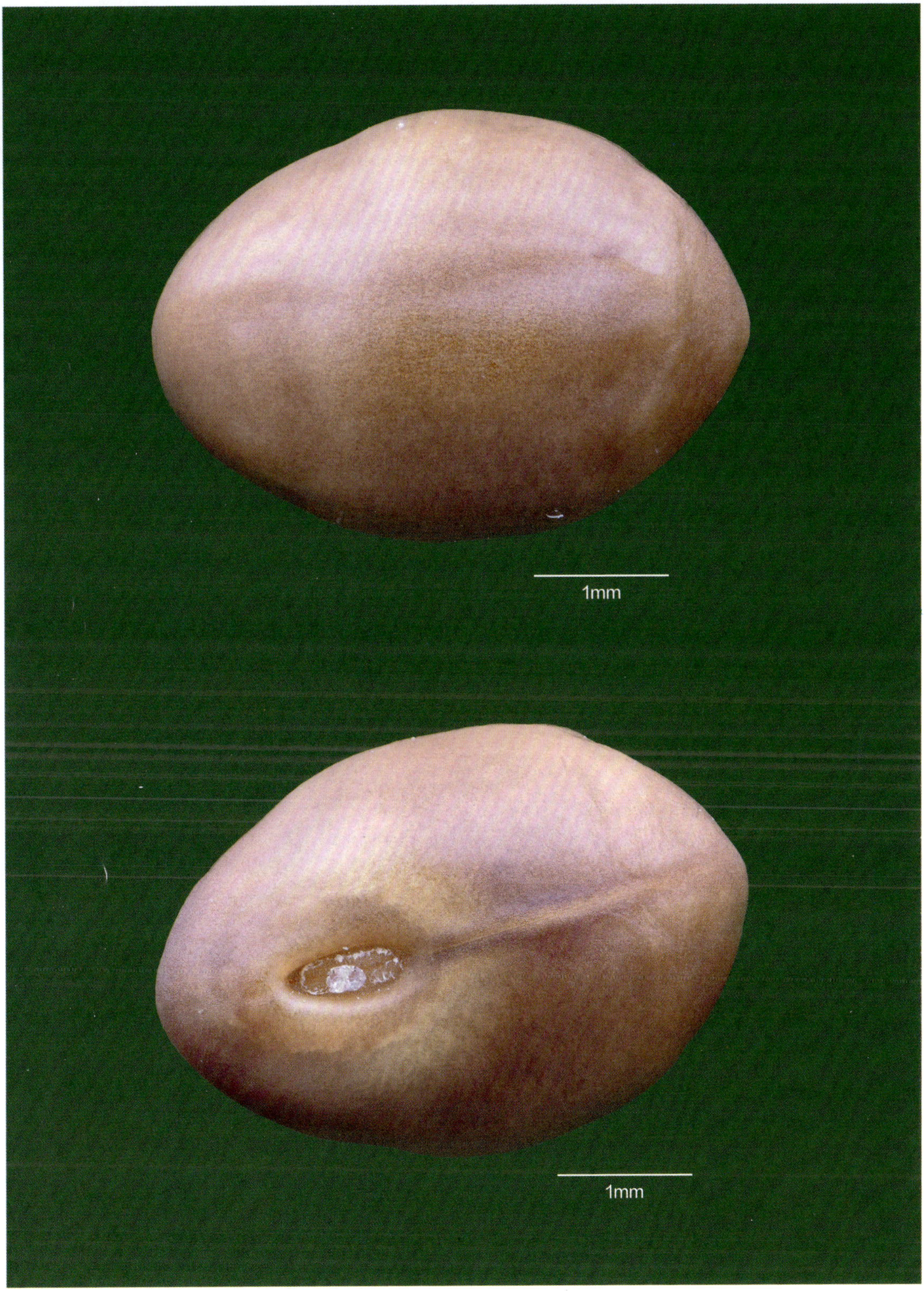
1mm
1mm

酢浆草

来　　源　酢浆草 *Oxalis corniculata* L.，酢浆草科多年生匍匐草本。

性　　状　种子呈卵形，较扁平，长径约 1.5mm，短径约 1mm。表面红棕色，凹凸不平，具多条横向平行突起的横脊；顶部锐尖；基部钝圆；种脐位于基部。

药用部位　全草。

功　　效　利湿，清热，消肿，安神。

采集时间　2015.11

采 集 地　东城区

鉴 定 人　周良云

1mm
0.5mm

鼠掌老鹳草

来　源 鼠掌老鹳草 *Geranium sibiricum* L.，牻牛儿苗科一年生或多年生草本。

性　状 种子呈椭圆形，长 2.2～2.4mm，宽 1～1.3mm；表面黑褐色，具细网纹；种脐位于近中部，圆形褐色，微凸，下端具隆起的脐条直达基端。

药用部位 地上部分。

功　效 祛风湿，活血通经，清热止泻。

采集时间 2016.7

采 集 地 海淀区

鉴 定 人 王钧杰

1mm
0.5mm

野亚麻

来　　源　野亚麻 *Linum stelleroides* Planch.，亚麻科一年生或二年生草本。

性　　状　种子呈倒长卵圆形，扁平，长约 2.3mm，宽约 1.2mm。表面棕褐色，具光泽，具纵向细密的网状纹理；背部较厚；腹部渐薄；边缘具透明窄翅（有的透明物脱落不可见）；种脐位于腹侧基部，条形。

药用部位　全草。

功　　效　解毒消肿。

采集时间　2018.10

采 集 地　延庆区

鉴 定 人　刘大海

1mm

亚麻

来　源 亚麻 *Linum usitatissimum* L.，亚麻科一年生草本。

性　状 种子呈倒长卵形，扁平，长约4.5mm，宽约2.3mm。表面深褐色，光滑有光泽，具细小凹点；四周有一圈不明显的窄翅；基部稍尖，弯向一侧；种脐位于腹侧基部，条形。

药用部位 种子。

功　效 润燥通便，养血祛风。

采集时间 2016.8

采 集 地 海淀区

鉴 定 人 纪瑞锋

2mm
1mm

蒺藜

来　源　蒺藜 *Tribulus terrestris* L.，蒺藜科一年生草本。

性　状　果实具5个分果瓣，每个分果瓣半圆形至半圆状楔形，两侧压扁，长6～7mm，宽4～5mm（不含刺长）。表面密被细毛，多脱落，果体凹凸不平，具长短两对坚硬粗壮的刺，顶部向上伸出一对较短的刺，腰部向外斜伸一对较长的刺；背面厚而弓拱，具突刺，顶有硬毛；腹部薄，平直。

药用部位　果实。

功　效　平肝解郁，活血祛风，明目，止痒。

采集时间　2019.10

采 集 地　海淀区

鉴 定 人　薛凯

5mm
2mm

白鲜

来　　源　白鲜 *Dictamnus dasycarpus* Turcz.，芸香科多年生草本。

性　　状　种子呈倒卵形，长4～5mm，宽3～4mm。表面黑色，光滑，有光泽；种脐位于基部一侧，灰白色，长椭圆形略下凹，长约2.5mm。具特殊香气。

药用部位　根皮。

功　　效　清热燥湿，祛风解毒。

采集时间　2016.8

采 集 地　延庆区

鉴 定 人　周良云

2mm
1mm

芸香

来　　源 芸香 *Ruta graveolens* L.，芸香科基部木质的多年生草本。

性　　状 种子呈肾形，长约 2.5mm。表面灰褐色至灰黑色，凹凸不平；背部弓曲；种脐位于腹部中央，纵向披针形。

药用部位 全草。

功　　效 清热解毒，散瘀止痛。

采集时间 2014.10

采 集 地 海淀区

鉴 定 人 王钧杰

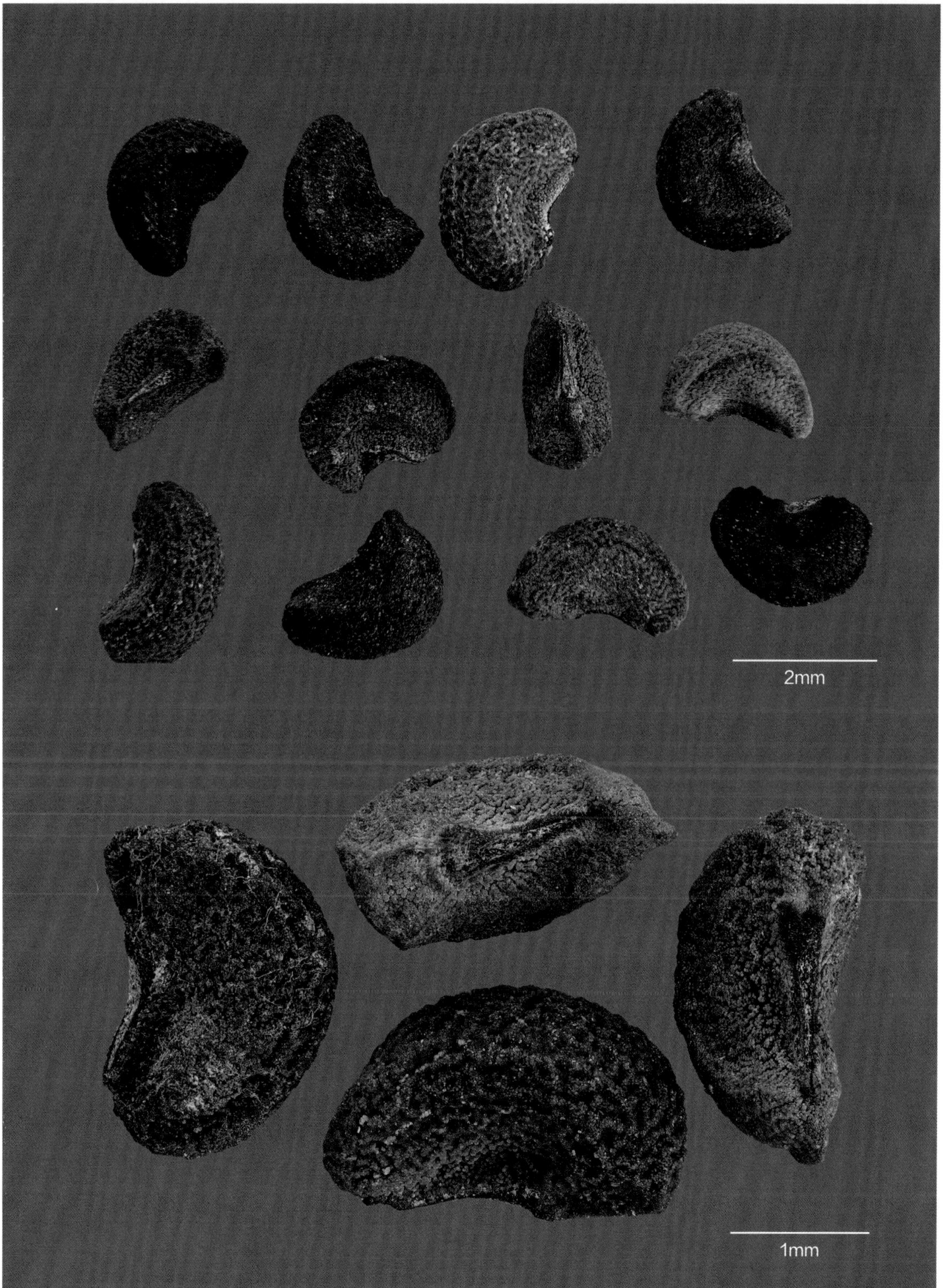
2mm
1mm

花椒

来　源 花椒 *Zanthoxylum bungeanum* Maxim.，芸香科落叶小乔木。

性　状 种子近球形或椭圆形，长约 4.2mm，宽约 3.8mm。表面黑色，具光泽；种脐位于基部，呈椭圆状凹陷，黄棕色。

药用部位 成熟果皮。

功　效 温中止痛，杀虫止痒。

采集时间 2016.9

采 集 地 海淀区

鉴 定 人 陈莹婷

2mm
1mm

臭椿

来　　源　臭椿 *Ailanthus altissima* (Mill.) Swingle，苦木科高大乔木。

性　　状　种子呈三角状倒卵形，两侧略鼓，径约5mm，厚约1.2mm。表面黄褐色，具细密褶皱；种皮薄，肉质，具油性；种脐位于基部一侧，长条形，有少许白色附属物。

药用部位　根皮或干皮。

功　　效　清热燥湿，收涩止带，止泻，止血。

采集时间　2016.11

采 集 地　东城区

鉴 定 人　周良云

2mm
1mm

远志

来　　源　远志 *Polygala tenuifolia* Willd.，远志科多年生草本。

性　　状　种子倒卵形，长约 3mm，宽约 2mm。种皮灰黑色，密被灰白色柔毛；基部有黄白色种阜。

药用部位　根。

功　　效　安神益智，交通心肾，祛痰，消肿。

采集时间　2016.7

采 集 地　门头沟区

鉴 定 人　周良云

1mm

铁苋菜

来　　源　铁苋菜 *Acalypha australis* L.，大戟科一年生草本。

性　　状　种子呈倒卵形，长约 1.8mm，宽约 1mm。表面褐色至黑褐色，具细密洼点；腹面具一纵纹；种脐位于腹面基部，周围具一圈白色种阜。

药用部位　地上部分。

功　　效　清解热毒，化痰止咳，利湿，收敛止血。

采集时间　2016.9

采 集 地　海淀区

鉴 定 人　王钧杰

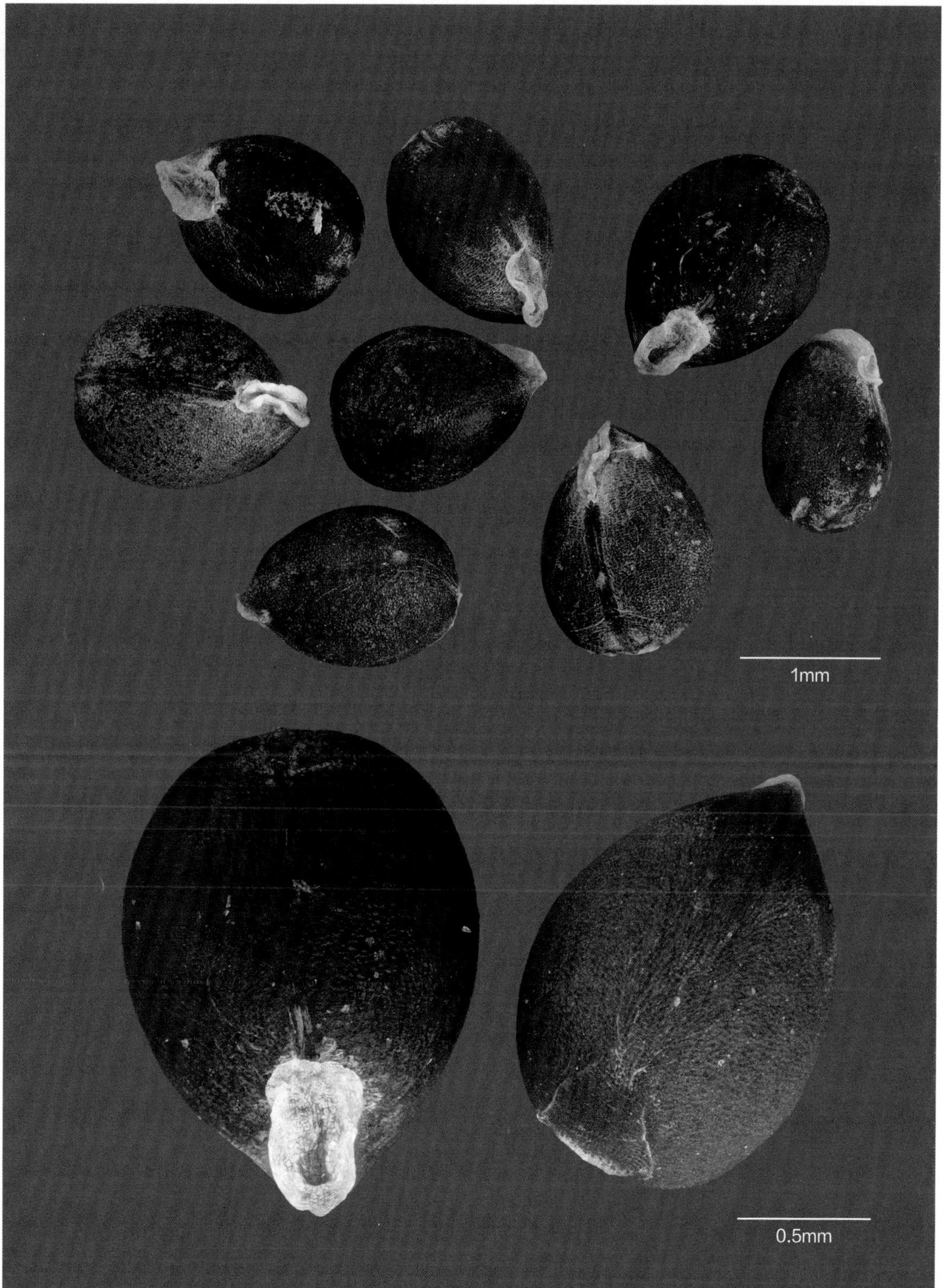
1mm
0.5mm

乳浆大戟

来　源 乳浆大戟 *Euphorbia esula* L.，大戟科多年生草本。

性　状 种子卵圆形，长约 2.5mm，宽约 2mm。表面有一白色蜡质层，光滑无毛；腹面具一纵纹；顶端有一圆形印痕；种脐位于腹面基部，有一浅黄色盾形种阜，半透明。

药用部位 全草。

功　效 利水消肿，散结，杀虫。

采集时间 2016.6

采 集 地 海淀区

鉴 定 人 陈莹婷

1mm
0.5mm

续随子

来　　源　续随子 *Euphorbia lathyris* L.，大戟科二年生草本。

性　　状　种子椭圆形至倒卵形，长约 5mm，宽约 4mm。表面具黄棕色与黑褐色相间的不规则花纹，粗糙不平，可见极细密短棘突；顶端稍平，中间有突起的合点；种脐位于基部，有黄色圆形种阜，极易脱落。

药用部位　种子。

功　　效　泻下逐水，破血消癥；外用疗癣蚀疣。

采集时间　2016.9

采 集 地　海淀区

鉴 定 人　周良云

2mm
1mm

银边翠

来　　源　银边翠 *Euphorbia marginata* Pursh.，大戟科一年生草本。

性　　状　种子呈椭圆形，长3.5～4mm，宽2.8～3mm。表面灰褐色，凹凸不平，具蜂窝状细网纹；腹面具一深褐色纵沟；种脐位于基部，黑色。

药用部位　全草。

功　　效　活血调经，消肿拔毒。

采集时间　2016.9

采 集 地　海淀区

鉴 定 人　王钧杰

2mm
1mm

一叶萩

来　　源　一叶萩 *Flueggea suffruticosa* (Pall.) Baill.，大戟科灌木。

性　　状　种子呈橘瓣状，长约 2.5mm，宽约 2mm。表面黄褐色，具纵向排列的黄褐色或黑褐色斑块；背面弓曲；腹面较平直，具一纵纹，顶部钝，基部渐窄；种脐位于腹面基部，点状。

药用部位　嫩叶或根。

功　　效　祛风活血，益骨强筋。

采集时间　2016.10

采 集 地　海淀区

鉴 定 人　纪瑞锋

2mm
1mm

蓖麻

来　　源　蓖麻 *Ricinus communis* L.，大戟科一年生粗壮草本或草质灌木。

性　　状　种子呈椭圆形或长卵形，稍扁，长约15mm，宽约8mm。种皮薄脆，表面光滑，有灰白色与黑褐色或黄棕色与红棕色相间的花斑纹；背面稍隆起，腹面较平，有一条隆起的线纹；种脐位于基部，有灰白色或浅棕色突起的种阜。

药用部位　种子。

功　　效　泻下通滞，消肿拔毒。

采集时间　2015.10

采 集 地　海淀区

鉴 定 人　周良云

5mm

鸡爪槭

来　源　鸡爪槭 *Acer palmatum* Thunb.，槭树科落叶小乔木。

性　状　小坚果呈钟罩形。果皮延展为翅呈鳍状，一边平直，一边弓曲呈刀刃状，长约13mm（含翅），宽约5mm（翅）；表面灰黄棕色，具叶脉状纹理。

药用部位　枝、叶。

功　效　行气止痛，解毒消痈。

采集时间　2016.10

采 集 地　海淀区

鉴 定 人　陈莹婷

5mm
2mm

复羽叶栾树

来　　源　复羽叶栾树 *Koelreuteria bipinnata* Franch.，无患子科高大乔木。

性　　状　种子呈球形，直径约 5mm。表面红棕色，具光泽，可见浅色花斑及黑色斑点；种脐位于基部，圆形，黄白色，有残留的种柄。

药用部位　根。

功　　效　清热止咳，消肿止痛，活血，驱蛔虫。

采集时间　2015.12

采 集 地　东城区

鉴 定 人　周良云

2mm
1mm

栾树

来　　源　栾树 *Koelreuteria paniculata* Laxm.，无患子科高大乔木。

性　　状　种子呈球形，直径 6～8mm；表面黑色，具光泽，稍不平整；种脐位于基部，圆形，黄白色，有残留的种柄。

药用部位　花。

功　　效　清肝明目。

采集时间　2015.9

采 集 地　东城区

鉴 定 人　周良云

5mm
2mm

枳 椇

来　　源　枳椇 *Hovenia acerba* Lindl.，鼠李科高大乔木。

性　　状　种子呈圆形，扁平，直径3～5mm，厚1～1.5mm。表面红棕色至黑棕色，有光泽；背面稍隆起；腹部较平坦，腹面中间有纵向隆起的棱；种脐位于基部，色浅。

药用部位　果实、种子、树皮、果梗、叶。

功　　效　果实、种子：清热利尿，止渴除烦，解酒毒；树皮：活血，舒筋解毒；果梗：健胃，补血；叶：用于死胎不出。

采集时间　2016.11

采 集 地　朝阳区

鉴 定 人　纪瑞锋

2mm

酸枣

来　源 酸枣 *Ziziphus jujuba* Mill. var. *spinosa* (Bunge) Hu ex H.F.Chou，鼠李科落叶灌木。

性　状 种子呈扁圆形或扁椭圆形，长 5～9mm，宽 5～7mm，厚约 3mm。表面紫红色或紫褐色，平滑有光泽；有的两面均隆起；有的一面较平坦，中央有一条隆起的纵线纹，另一面稍突起；种脐位于基部，线形，先端有细小突起的合点。

药用部位 种子。

功　效 养心补肝，宁心安神，敛汗，生津。

采集时间 2016.3

采 集 地 延庆区

鉴 定 人 周良云

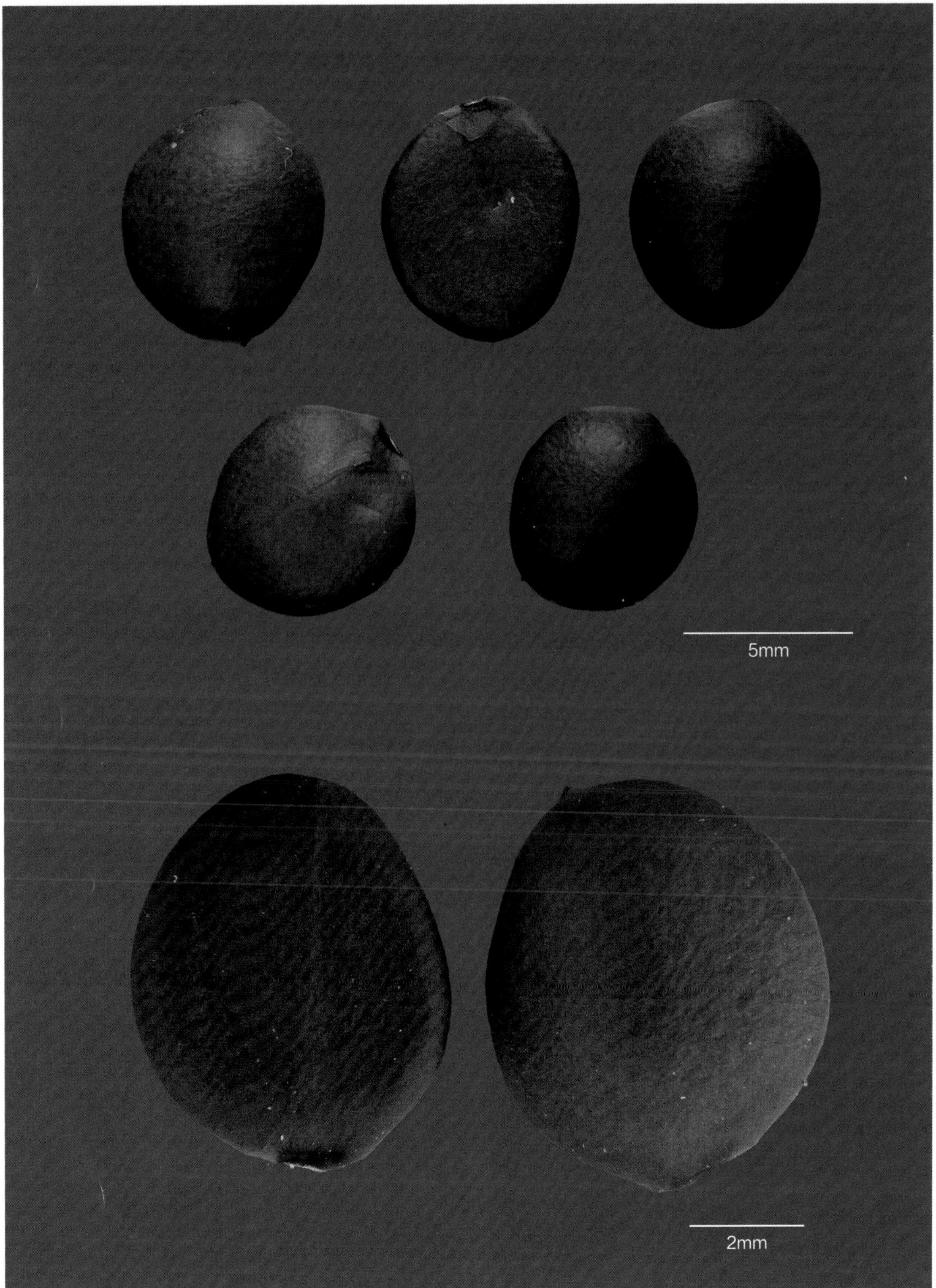
5mm
2mm

葎叶蛇葡萄

来　　源　葎叶蛇葡萄 *Ampelopsis humulifolia* Bge.，葡萄科木质藤本。

性　　状　种子呈宽倒卵形，顶端圆形，基部有短喙，直径4～4.5mm。表面深褐色至黑色，常散布浅色瘤点；腹面基部有三叉状浅色条纹，两侧微凹，中间凸起，延伸至背面；种脐位于基部，黑色。

药用部位　根皮。

功　　效　活血散瘀，消炎解毒，生肌长骨，祛风除湿。

采集时间　2016.9

采 集 地　密云区

鉴 定 人　王钧杰

2mm
1mm

山葡萄

来　源 山葡萄 *Vitis amurensis* Rupr.，葡萄科木质藤本。

性　状 种子近圆形，直径约 4mm。表面灰棕色至棕褐色，粗糙，腹面下部浅红棕色；先端有浅凹缺，基部尖；背面中部有圆形凹痕，凹痕中心常隆起并延伸至腹面基部，但在腹面渐变为窄棱；腹面下面有两个对称分布的浅凹痕；种脐位于基部。

药用部位 根，藤，果实。

功　效 根、藤：祛风止痛；果实：清热利尿。

采集时间 2016.9

采 集 地 密云区

鉴 定 人 陈莹婷

2mm
1mm
1mm

苘麻

来　　源 苘麻 *Abutilon theophrasti* Medic.，锦葵科一年生亚灌木状草本。

性　　状 种子呈三角状肾形，长约3.5mm，宽约2.5mm。表面灰褐色至黑褐色，可见细密的蜂巢状网纹，具较稀疏的白色小刺毛，其基部黄褐色；背面较厚，三角状弓曲；腹面较薄，具深凹缺及密集的白色或棕色短茸毛；种脐位于腹面凹缺内，可见一长舌状种柄残余覆盖其上方。

药用部位 种子。

功　　效 清热解毒，利湿，退翳。

采集时间 2015.8

采 集 地 海淀区

鉴 定 人 周良云

2mm
1mm

蜀葵

来　源 蜀葵 *Alcea rosea* Linnaeus，锦葵科二年生直立草本。

性　状 种子呈斜肾形，长约 4mm，宽约 2.5mm。表面红棕色，粗糙，生有白色鳞片；先端较尖，生有白色糙毛；下部宽圆；种脐位于腹侧凹陷处，有浅土黄色附属物。

药用部位 根、种子、花、茎叶。

功　效 根：清热凉血，利尿排脓；种子：利水通淋，滑肠；花：和血润燥，通利二便；茎叶：用于热毒，下痢，淋病，金疮。

采集时间 2016.8

采 集 地 延庆区

鉴 定 人 周良云

2mm

1mm

药蜀葵

来　　源 药蜀葵 *Althaea officinalis* L.，锦葵科多年生直立草本。

性　　状 种子呈圆肾形，长 1.8～2.2mm，宽 1.4～1.6mm。表面深红褐色，可见细密纹理；背面较厚，半圆形；腹面较薄，凹缺处被密集的黄褐色鳞垢；种脐位于腹面凹缺处，可见一黑褐色种柄残存。

药用部位 根。

功　　效 祛痰，镇咳，消炎。

采集时间 2016.7

采 集 地 海淀区

鉴 定 人 王钧杰

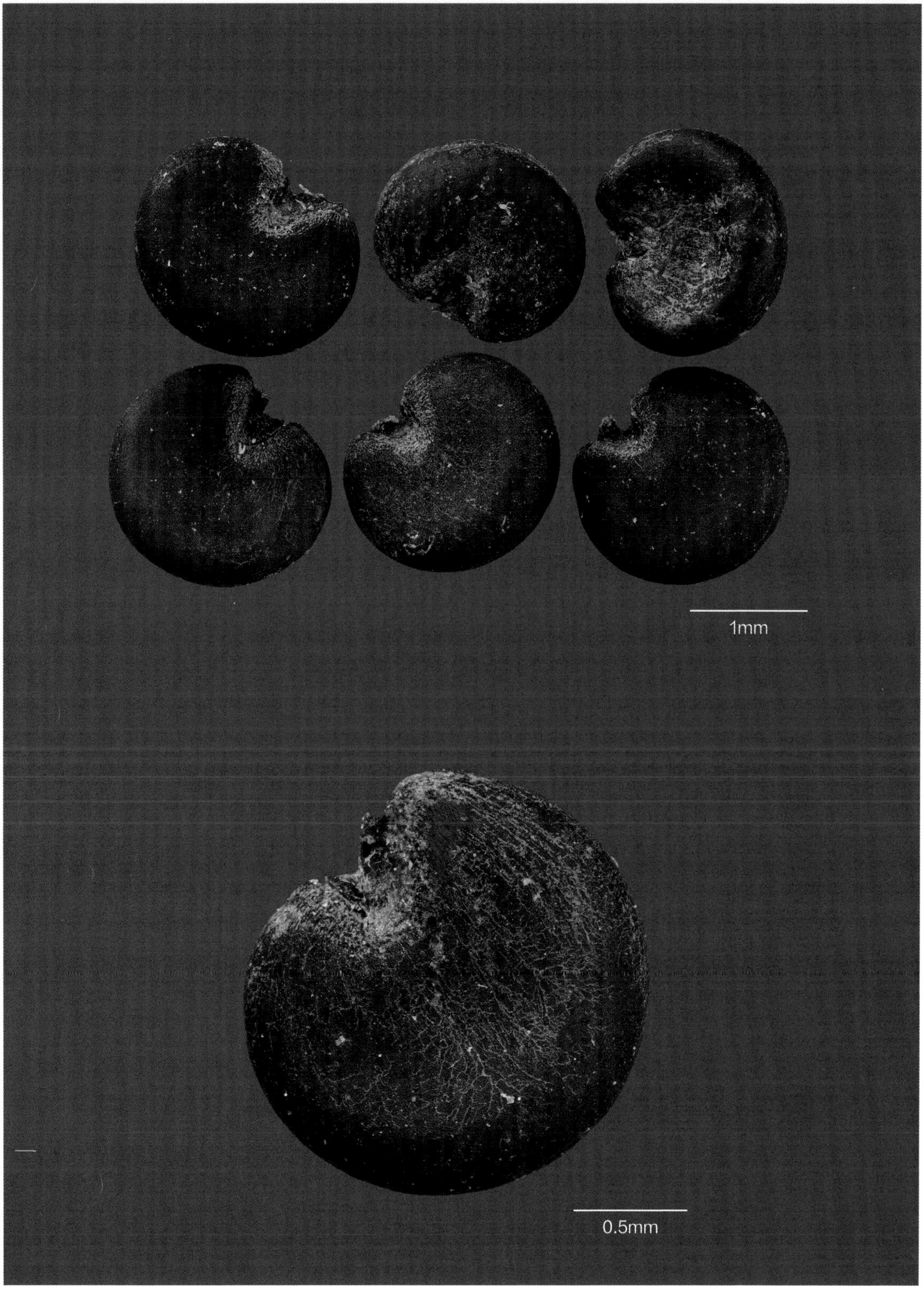
1mm
0.5mm

锦葵

来　　源　锦葵 *Malva cathayensis* M. G. Gilbert, Y. Tang & Dorr，锦葵科二年生或多年生直立草本。

性　　状　种子呈圆肾形，两侧扁平，直径约 2.5mm。表面浅灰色，略呈半透明，疏生绵毛，表皮常细密皲裂剥落，剥落后黑褐色；种脐位于腹侧凹陷处，有黑褐色附属物。

药用部位　茎、叶、花。

功　　效　利尿通便，清热解毒。

采集时间　2016.9

采 集 地　延庆区

鉴 定 人　纪瑞锋

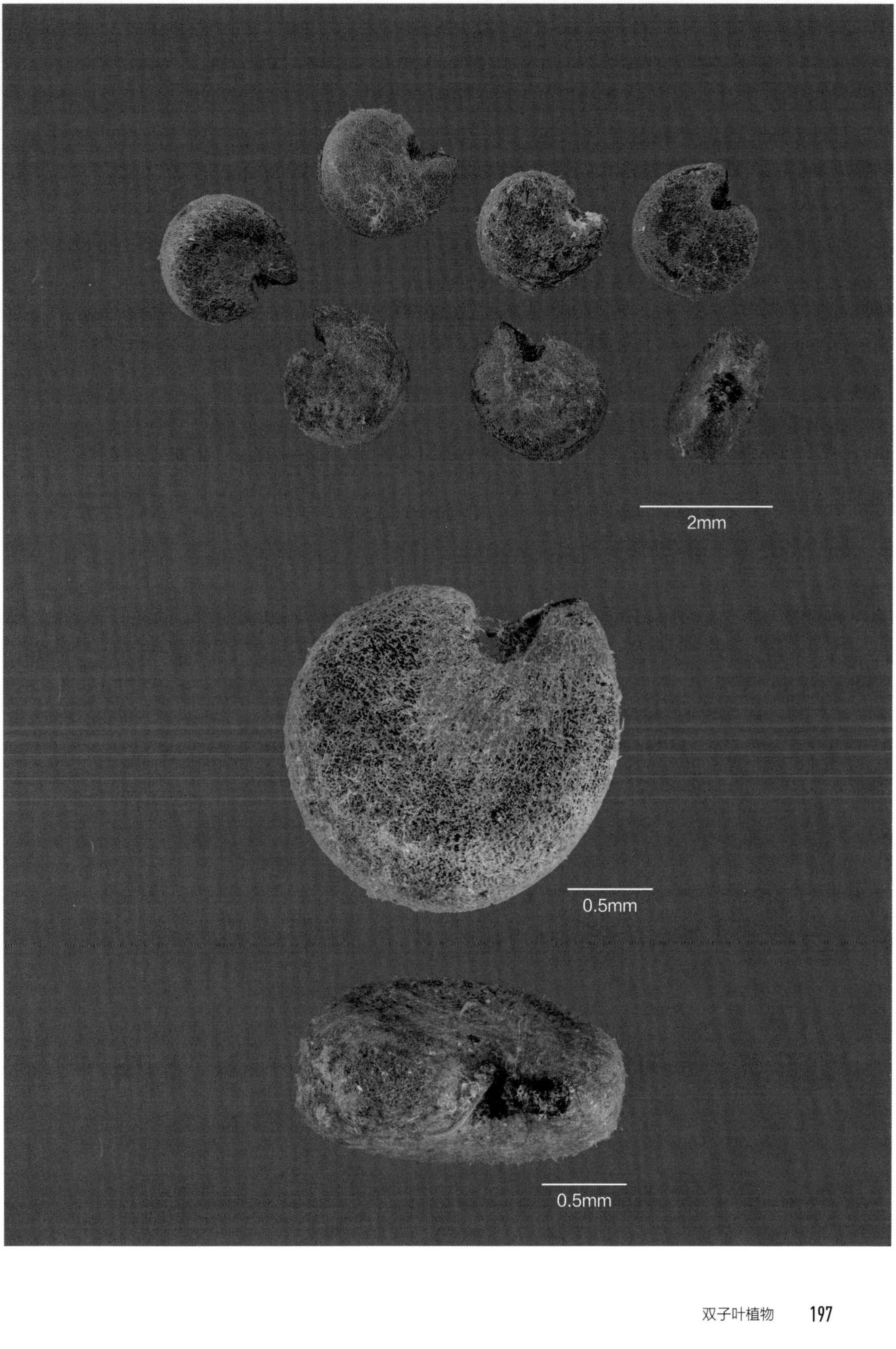
2mm
0.5mm
0.5mm

木槿

来　　源 木槿 *Hibiscus syriacus* L.，锦葵科落叶灌木。

性　　状 种子呈肾形，长约 4mm，宽约 3mm（不含毛）。背侧被白色长毛，两面无毛处种皮显棕褐色，具细密的网状纹理，略呈同心环排列；种脐位于腹侧凹缺处，有白色附属物。

药用部位 花、根、皮、叶、果实。

功　　效 花：清热利湿，凉血解毒；根：清热解毒，消痈肿；皮：清热利湿，杀虫止痒；叶：清热解毒；果实：清肺化痰，治头痛，解毒。

采集时间 2015.11

采 集 地 东城区

鉴 定 人 周良云

5mm
2mm

野西瓜苗

来　　源　野西瓜苗 *Hibiscus trionum* L.，锦葵科一年生直立或平卧草本。

性　　状　种子呈三角状肾形，长约2.2mm，宽约2mm。表面黑褐色，具细密网纹，并散布有黄棕色星点；两扁面各有一不明显印痕；种脐位于腹侧凹入处，常有一黑色种柄残存。

药用部位　全草、根、种子。

功　　效　全草或根：清热解毒，利咽止咳；种子：补肾，润肺。

采集时间　2015.9

采 集 地　延庆县

鉴 定 人　周良云

2mm
1mm

软枣猕猴桃

来　　源　软枣猕猴桃 *Actinidia arguta* (Sieb. et Zucc.) Planch. ex Miq.，猕猴桃科木质藤本。

性　　状　种子呈倒卵圆形，长约3mm，直径约1.5mm。表面红褐色，具蜂巢状网格，网格被一层白色薄膜状物质覆盖，显光泽；顶部钝圆；基部渐狭呈平截状；种脐位于基部。

药用部位　果实。

功　　效　滋阴清热，除烦止渴，通淋。

采集时间　2015.9

采 集 地　延庆县

鉴 定 人　刘大海

2mm
1mm

贯叶金丝桃

来　　源 贯叶金丝桃 *Hypericum perforatum* L.，藤黄科多年生草本。

性　　状 种子呈圆柱形，长约 1mm，宽约 0.4mm。表面黑褐色，有细蜂窝纹，具一纵向条棱；顶端突起乳头状。

药用部位 全草。

功　　效 清热解毒，调经止血。

采集时间 2016.7

采 集 地 海淀区

鉴 定 人 陈莹婷

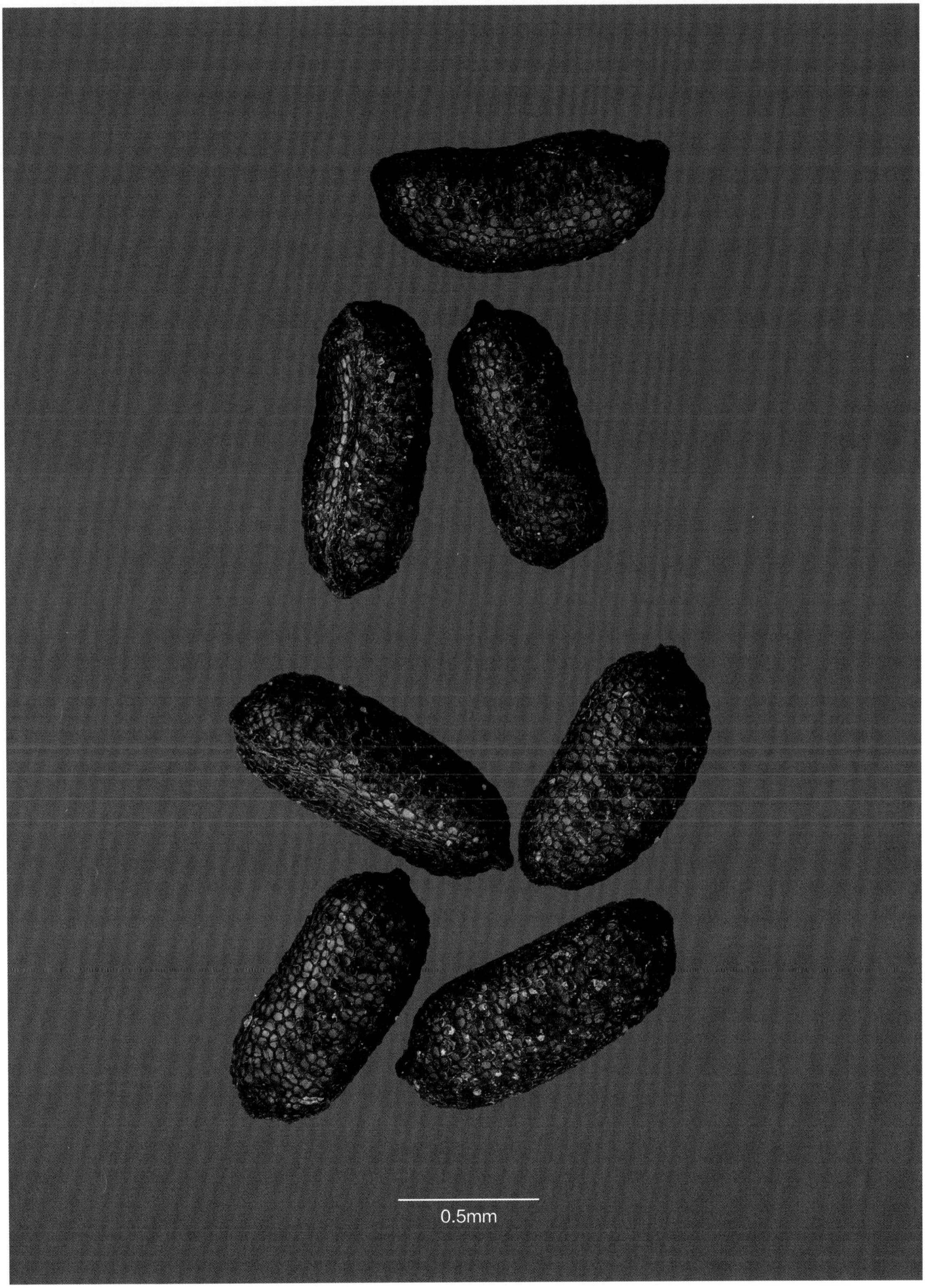
0.5mm

南山堇菜

来　　源　南山堇菜 *Viola chaerophylloides* (Regel) W. Beck.，堇菜科多年生草本。

性　　状　种子呈倒卵形，长约2.5mm，宽约1.5mm。表面黄褐色，具暗褐色的斑纹，散在黄白色斑点，较光滑；种脊略突出，连接种子两端；种脐位于基部，偏斜，有白色附属物。

药用部位　全草。

功　　效　发散风热，定喘，毒蛇咬伤，消肿止痛，止血。

采集时间　2016.4

采 集 地　海淀区

鉴 定 人　纪瑞锋

2mm
1mm

紫花地丁

来　　源　紫花地丁 *Viola yedoensis* Makino，堇菜科多年生草本。

性　　状　种子呈倒卵球形，长约1.5mm，宽约1mm。表面较平滑，淡黄棕色，可见白色斑纹；顶端钝圆；基部渐尖；腹面有一条纵条纹；种脐位于腹面基部，黄白色。

药用部位　全草。

功　　效　清热解毒，凉血消肿。

采集时间　2016.5

采 集 地　海淀区

鉴 定 人　纪瑞锋

1mm
0.5mm
0.5mm

早开堇菜

来　源　早开堇菜 *Viola prionantha* Bunge，堇菜科多年生草本。

性　状　种子呈倒卵形，长约2.5mm，宽约1.5mm。表面黄棕色，具褐色斑纹；先端钝圆，基部渐尖；种脊略突出；种脐位于基部，偏斜，有黄白色半透明的附属物。

药用部位　全草。

功　效　清热解毒，凉血消肿。

采集时间　2016.4

采 集 地　海淀区

鉴 定 人　纪瑞锋

1mm
0.5mm

紫薇

来　　源　紫薇 *Lagerstroemia indica* L.，千屈菜科落叶灌木或小乔木。

性　　状　种子呈镰刀状（含翅），长约 8mm（含翅），宽约 3mm。表面棕褐色，具极细密疣状乳突；一侧中间有纵沟；种子与翅交接处黑色；翅表面黄褐色至棕褐色，生有细密长网纹，一侧平直，一侧弯曲，不透明。

药用部位　花、根、茎皮、根皮。

功　　效　花：清热解毒，活血止血；根：清热利湿，活血止血，止痛；茎皮、根皮：清热解毒，利湿祛风，散瘀止血。

采集时间　2015.12

采 集 地　东城区

鉴 定 人　周良云

2mm
1mm
1mm

月见草

来　　源　月见草 *Oenothera biennis* L.，柳叶菜科二年生粗壮草本。

性　　状　种子呈不规则形、扇形、钟形，长 1.2～2mm，宽 1～1.2mm。表面紫褐色，凹凸不平，具较为规则的四边形、五边形至六边形纹理；种子具棱脊，多为 3 棱；种脐位于较狭窄端。

药用部位　根。

功　　效　祛风湿，强筋骨。

采集时间　2015.9

采 集 地　海淀区

鉴 定 人　周良云

1mm
0.5mm

芫荽

来　源 芫荽 *Coriandrum sativum* L.，伞形科一年生或二年生草本。

性　状 双悬果呈球形，长约 4mm，宽约 3.7mm。表面红棕色，背面拱圆，其上具纵直主棱与波状次棱，主棱 6 条，次棱 5 条；腹面内凹如瓢状，具 3 条纵行的棱线，中央较直，两侧呈弧形弯曲；顶端具锥形的花柱残基，周围有宿存萼齿残痕；基部圆钝。

药用部位 果实。

功　效 发表透疹，健胃。

采集时间 2016.10

采 集 地 海淀区

鉴 定 人 周良云

2mm
1mm

防风

来　源　防风 *Saposhnikovia divaricata* (Turcz.) Schischk.，伞形科多年生草本。

性　状　双悬果呈椭圆形，略扁，长5～6mm，宽约3mm；表面灰白色至灰棕色，稍粗糙，具疣状突起；分果背面稍隆起，具5条纵棱，腹面平凹；顶端具3～5枚三角状萼齿，围着一突起的花柱残基，有时尚可见2宿存花柱，基部具一果柄痕或具残存的果柄。

药用部位　根。

功　效　祛风解表，胜湿止痛，止痉。

采集时间　2016.10

采 集 地　延庆区

鉴 定 人　周良云

2mm

泽芹

来　　源　泽芹 *Sium suave* Walt.，伞形科多年生草本。

性　　状　双悬果呈椭圆形，长约2.5mm，宽约1.5mm。表面黄棕色，稍粗糙；分果背面稍隆起，具5条纵棱；腹面平凹，中间有一纵肋。

药用部位　全草。

功　　效　散风寒，止头痛，降血压。

采集时间　2016.11

采 集 地　海淀区

鉴 定 人　王钧杰

2mm
1mm

山茱萸

来　　源 山茱萸 *Cornus officinalis* Sieb. et Zucc.，山茱萸科落叶乔木或灌木。

性　　状 果核长椭圆形，长约 1cm，宽约 6mm。表面黄棕色，骨质，粗糙，有若干条不明显纵棱。

药用部位 果肉。

功　　效 补益肝肾，收涩固脱。

采集时间 2015.10

采 集 地 海淀区

鉴 定 人 周良云

1cm
1mm

点地梅

来　源 点地梅 *Androsace umbellata* (Lour.) Merr.，报春花科一年生或二年生草本。

性　状 种子近圆形至不规则多边形，直径约 0.6mm。表面红棕色，具不规则网纹；种脐位于扁圆的一侧，略凹陷。

药用部位 全草。

功　效 清热解毒，消肿止痛。

采集时间 2017.5

采 集 地 门头沟区

鉴 定 人 周良云

0.5mm

胭脂花

来　　源　胭脂花 *Primula maximowiczii* Regel，报春花科多年生草本。

性　　状　种子近棱形，长 0.6～1.2mm，宽约 0.6mm。表面棕褐色，具类圆形网纹。

药用部位　根。

功　　效　利尿，泻热，活血散瘀。

采集时间　2015.8

采 集 地　延庆县

鉴 定 人　纪瑞锋

1mm
0.5mm

君迁子

来　　源 君迁子 *Diospyros lotus* L.，柿科落叶乔木。

性　　状 种子呈橘瓣状，长约 1.2cm，宽约 0.6cm。表面棕褐色，粗糙，有颗粒状突起，放大可见条形纹理扭曲嵌合；背部弓曲；腹部平直；顶部有一小突起；种脐位于基部背腹交界处，斜截。

药用部位 果实。

功　　效 清热，止咳。

采集时间 2018.10

采 集 地 海淀区

鉴 定 人 纪瑞锋

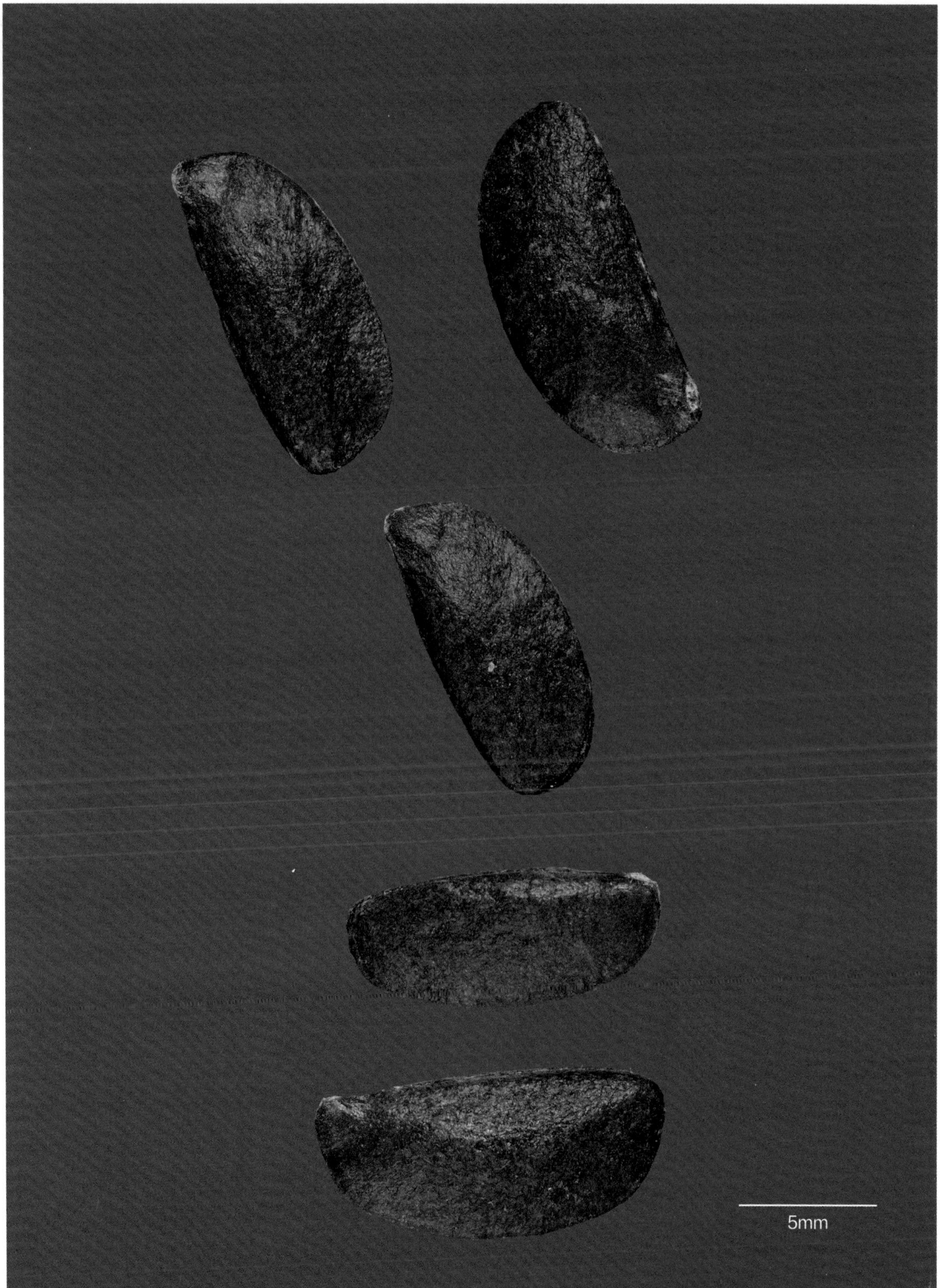
5mm

2mm
1mm

扁蕾

来　源　扁蕾 *Gentianopsis barbata* (Froel.) Ma，龙胆科一年生或二年生草本。

性　状　种子呈矩圆形，长约0.6mm，宽约0.4mm。表面褐色，具不规则圆形网纹，网孔凹陷，底部有时可见一层薄膜，具光泽，有的脱落；基部具种脐。

药用部位　全草。

功　效　清热解毒，消肿止痛。

采集时间　2015.11

采 集 地　延庆区

鉴 定 人　周良云

0.5mm

花锚

来　　源　花锚 *Halenia corniculata* (L.) Cornaz，龙胆科一年生草本。

性　　状　种子呈矩圆状椭圆形，长径 1.5～2mm，宽约 1mm。表面褐色，较平滑，放大可见细密褶皱；种子近顶端有一对凹坑；种脐位基部。

药用部位　全草。

功　　效　清热解毒，凉血止血。

采集时间　2016.10

采 集 地　延庆区

鉴 定 人　周良云

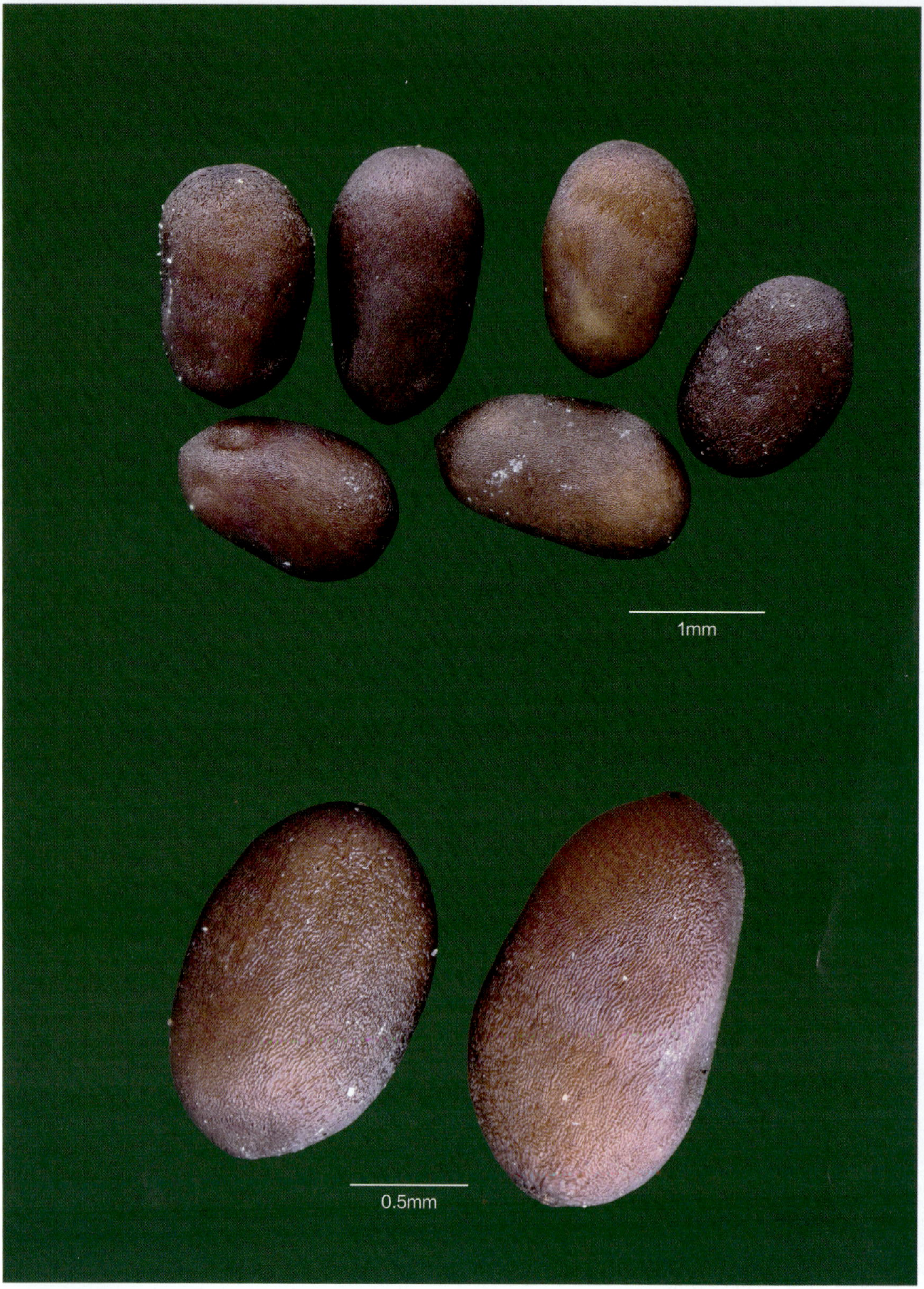
1mm
0.5mm

瘤毛獐牙菜

来　　源　瘤毛獐牙菜 *Swertia pseudochinensis* Hara，龙胆科一年生草本。

性　　状　种子近圆形至三角状圆形，略扁平，径长约 0.6mm。表面具突起的多边形网纹，网纹深褐色，网格内部黄棕色。

药用部位　全草。

功　　效　泻火解毒，利湿，健脾。

采集时间　2017.11

采 集 地　延庆区

鉴 定 人　刘大海

0.5mm

罗布麻

来　　源　罗布麻 *Apocynum venetum* L.，夹竹桃科直立半灌木。

性　　状　种子呈椭圆状披针形，长 2～3mm，宽 0.5～0.7mm。表面棕褐色，具纵向排列的镂空状网纹；顶端平截，黄白色，为种毛脱落痕迹；基部突起；种脐位于腹面中央，皱缩状，背面微隆起。

药用部位　叶。

功　　效　平肝安神，清热利水。

采集时间　2015.10

采 集 地　海淀区

鉴 定 人　陈莹婷

1mm
0.5mm

萝藦

来　　源　萝藦 *Metaplexis japonica* (Thunb.) Makino，萝藦科多年生草质藤本。

性　　状　种子呈倒卵形，扁平，长约 6mm，宽约 4mm。表面灰褐色，粗糙颗粒状，被褐色线状凸起和白色蜡质点状凸起；边缘具倾向腹面的宽翅；背面隆起，与缘翅界限分明；腹面平，中央具上部分枝的纵棱，纵棱长度为种子长的 2/3；顶端圆，翅边缘具大锯齿；基部平截，具白色绢质种子毛（常脱落）。

药用部位　全草、根。

功　　效　补精益气，通乳，解毒。

采集时间　2016.11

采 集 地　东城区

鉴 定 人　周良云

5mm
2mm

杠柳

来　　源 杠柳 *Periploca sepium* Bge.，萝藦科木质藤本。

性　　状 种子呈长条形，长8～10mm，宽1.5～2mm。表面红棕色至棕褐色，具纵向排列的网状纹理；背面平；腹面具隆起的尖锐中脊。

药用部位 根皮。

功　　效 祛风湿，强筋骨，消水消肿。

采集时间 2018.10

采 集 地 延庆区

鉴 定 人 刘大海

2mm
1mm

花荵

来　　源　花荵 *Polemonium caeruleum* Linnaeus，花荵科多年生草本。

性　　状　种子呈不规则棱形，长约3.5mm，宽约1mm。表面红褐色，不光滑，有皱纹；具三条突起的纵棱；两端有较明显的窄翅。

药用部位　全草、根及根茎。

功　　效　化痰，安神，止血。

采集时间　2016.8

采 集 地　延庆区

鉴 定 人　周良云

2mm
1mm

药用牛舌草

来　　源　药用牛舌草 *Anchusa officinalis* L.，紫草科多年生草本。

性　　状　小坚果呈短圆柱形，似“短靴”，径2～3mm。表面灰黑色，密生白斑；基部有若干条纵向排列的间断棱线，至顶端渐消失；果柄痕位于底端中心，近圆形，凹陷，中央具焦糖色乳突。

药用部位　全草。

功　　效　狂犬咬伤，牙痛。

采集时间　2016.6

采 集 地　海淀区

鉴 定 人　王钧杰

2mm
1mm

多苞斑种草

来　源 多苞斑种草*Bothriospermum secundum* Maxim.，紫草科一年生或二年生草本。

性　状 小坚果呈肾形，长约1.5mm，宽约0.8mm。表面灰褐色至灰黑色，密生白色小乳突；背面弓曲；腹面凹入，中间具纵向椭圆形凹陷，长为果体的3/4，凹陷边缘隆起，颜色稍浅，中间生有一椭圆形附属物，浅黄褐色，具环纹；果柄痕位于基部，类圆形或类三角形，色浅。

药用部位 全草。

功　效 祛风解毒，杀虫。

采集时间 2016.6

采 集 地 门头沟区

鉴 定 人 陈莹婷

1mm
0.5mm

鹤虱

来　　源　鹤虱 *Lappula myosotis* Moench，紫草科一年生或二年生草本。

性　　状　小坚果呈三角状卵形，长约 2mm，宽约 1.5mm。表面灰褐色至棕褐色，被疣点；背面中央具纵脊；边缘具一圈近等长锚状刺，刺长 1.5～2mm；果柄痕位于腹面，三角状披针形。

药用部位　果实。

功　　效　消炎，杀虫。

采集时间　2016.7

采 集 地　延庆区

鉴 定 人　陈莹婷

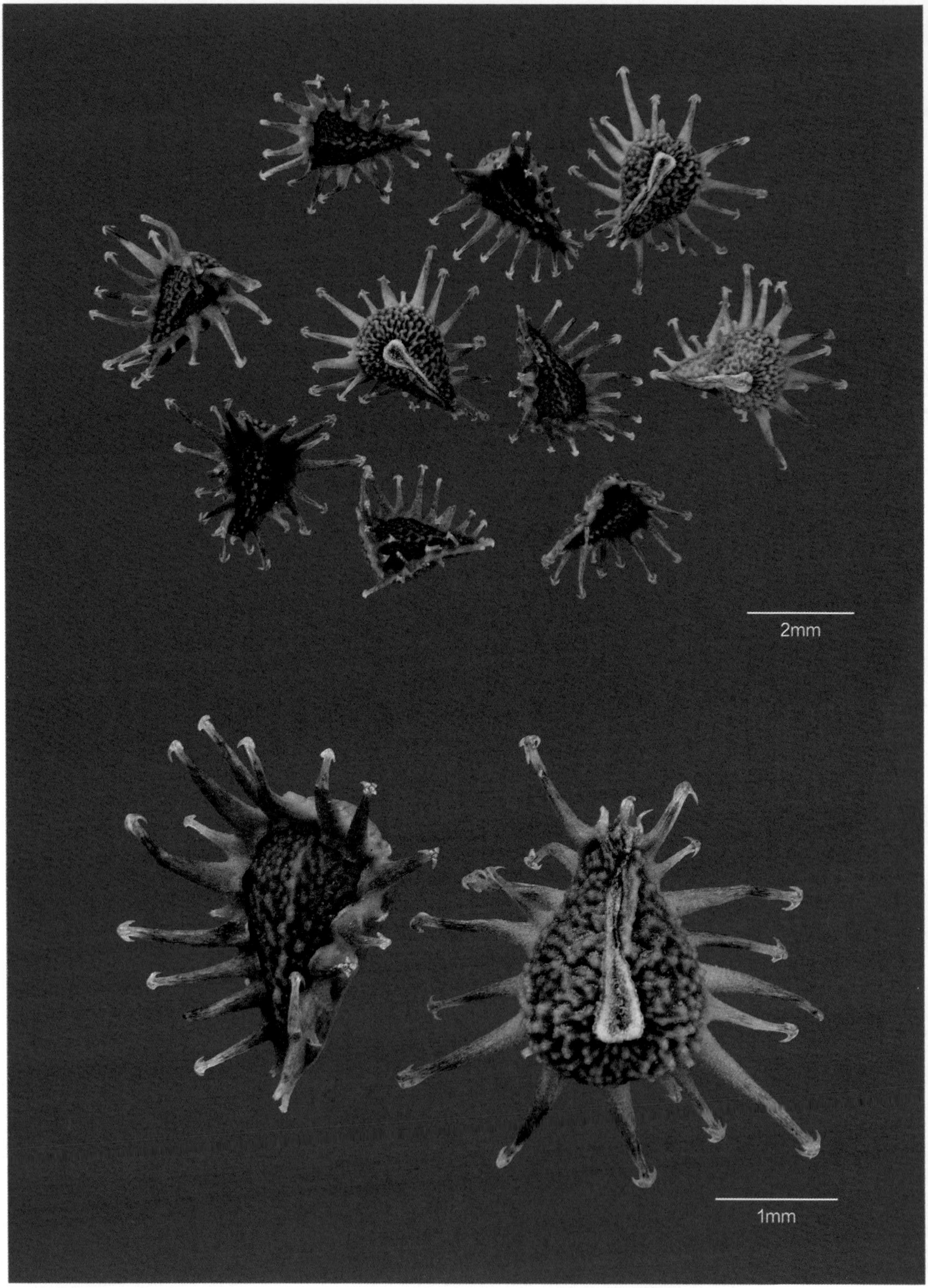
2mm
1mm

紫草

来　源 紫草 *Lithospermum erythrorhizon* Sieb. et Zucc.，紫草科多年生草本。

性　状 小坚果呈卵球形，长约3.5mm，宽约2.5mm。表面乳白色至黄褐色，可见点状或长条状凹坑；背面略弓曲；腹面较平，中间可见纵沟；顶部略尖；基部平截；果柄痕位于基部，近圆形。

药用部位 根。

功　效 清热凉血，活血解毒，透疹消斑。

采集时间 2017.10

采 集 地 延庆区

鉴 定 人 纪瑞锋

2mm
1mm

附地菜

来　　源　附地菜 *Trigonotis peduncularis* (Trev.) Benth. ex Baker et Moore，紫草科一年生或二年生草本。

性　　状　小坚果呈三角状卵形，长 0.8～1mm。表面棕褐色，具点状突起，被白色短毛或脱落；背面弓曲；腹面具 3 条棱脊；果柄痕位于腹面，突出。

药用部位　全草。

功　　效　温中健胃，消肿止痛，止血，止痢。

采集时间　2012.5

采 集 地　海淀区

鉴 定 人　陈莹婷

0.5mm

蓝萼香茶菜

来　　源　蓝萼香茶菜 *Isodon japonicus* var. *glaucocalyx* (Maxim.) H. W. Li，唇形科多年生草本。

性　　状　小坚果呈矩圆状卵形，长约 2mm，宽约 1.2mm。表面黄棕色至棕褐色，粗糙，有数条隆起的线条形成不规则网状纹理；基部腹面一侧具白色果柄痕。

药用部位　地上部分。

功　　效　清热解毒，活血化瘀。

采集时间　2018.10

采 集 地　延庆区

鉴 定 人　王钧杰

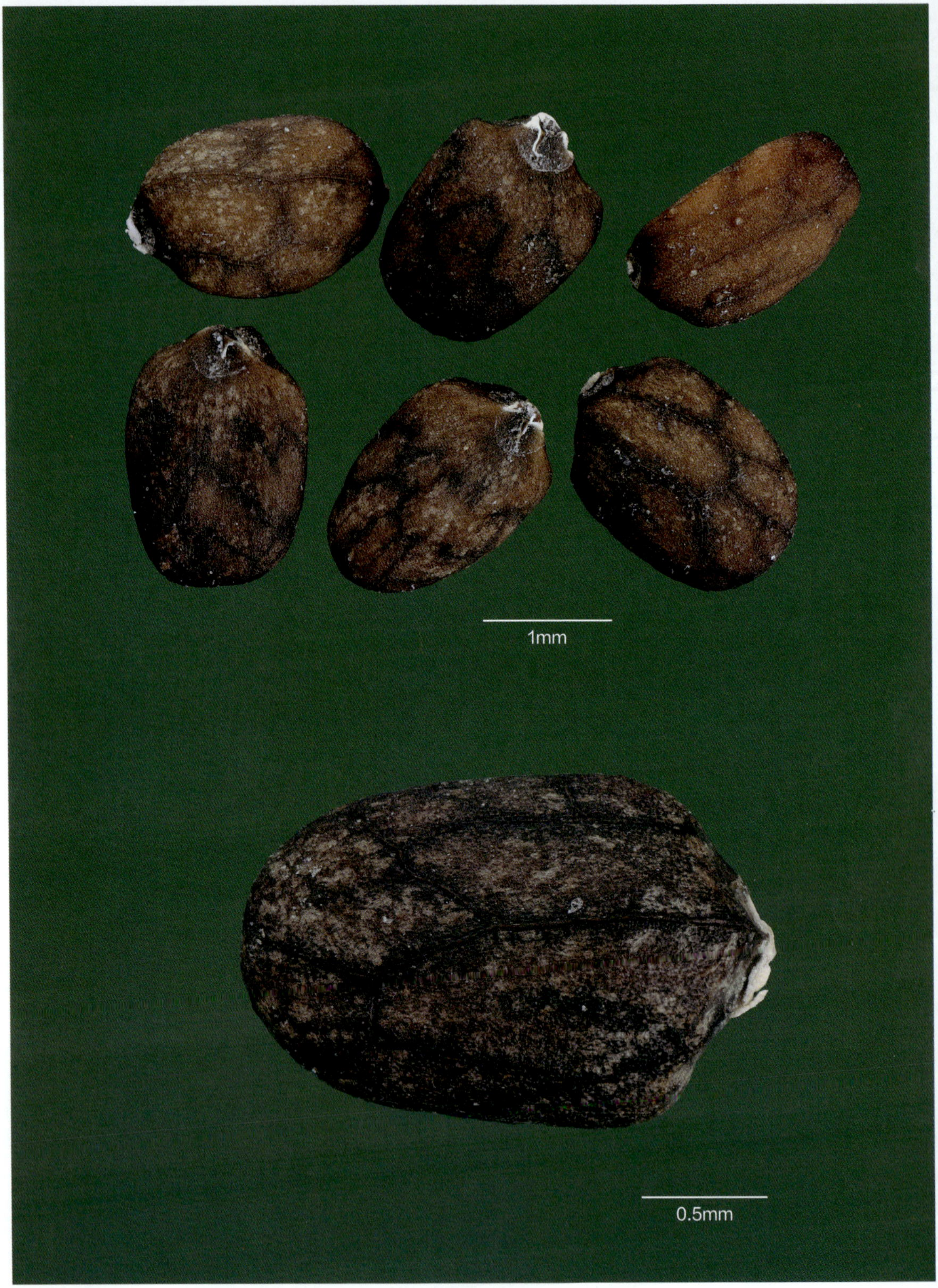
1mm
0.5mm

益母草

来　　源　益母草 *Leonurus japonicus* Houtt.，唇形科一年生或二年生草本。

性　　状　小坚果呈三棱形，长2～3mm，宽约1.5mm。表面灰棕色，粗糙，密布灰白色或灰黄色斑块；背面圆钝，腹面被纵向尖锐的中脊分成两个斜面，斜面较平，边缘锐；顶端平截，三角形，稍向腹面倾斜；果柄痕位于底部。

药用部位　全草、果实。

功　　效　全草：活血调经，利尿消肿，清热解毒；果实：活血调经，清肝明目。

采集时间　2016.10

采 集 地　海淀区

鉴 定 人　周良云

1mm

薄荷

来　源　薄荷 *Mentha haplocalyx* Briq.，唇形科多年生草本。

性　状　小坚果呈长卵圆形，长约 1mm，宽约 0.5mm。表面黄白色至灰黄色，具细密的网状纹理；背面较平；腹面中部纵向隆起；顶部近急尖；基部宽楔形；果柄痕白色，略凹陷，尖端棕褐色。

药用部位　地上部分。

功　效　疏散风热，清利头目，利咽，透疹，疏肝行气。

采集时间　2016.10

采 集 地　东城区

鉴 定 人　周良云

1mm
0.5mm

罗勒

来　源　罗勒 *Ocimum basilicum* L.，唇形科一年生草本。

性　状　小坚果呈扁卵圆形，中部隆起，偶见棱状突起，长 2～3mm，宽约 1.5～2mm。表面灰棕色至灰黑色，微带光泽，呈颗粒状，具细密的点状凸起；果柄痕位于基部。

药用部位　全草、果实、根。

功　效　全草：疏风解表，化湿和中，行气活血，解毒消肿；果实：清热，明目，退翳；根：收湿敛疮。

采集时间　2016.10

采 集 地　海淀区

鉴 定 人　周良云

2mm
1mm

紫苏

来　　源　紫苏 *Perilla frutescens* (L.) Britt.，唇形科一年生草本。

性　　状　小坚果呈阔倒卵形或类球形，直径约1.5mm。表面灰棕色或灰褐色，有微隆起的暗紫色网纹；背面圆形弓曲；腹面较平，中部稍隆起；顶部圆钝，果柄痕位于基部，圆形，灰白色，边缘具棱，中间具一小突起。

药用部位　果实、叶、茎。

功　　效　果实：降气化痰，止咳平喘，润肠通便；叶：解表散寒，行气和胃；茎：理气宽中，止痛，安胎。

采集时间　2016.10

采 集 地　东城区

鉴 定 人　周良云

1mm
0.5mm

糙苏

来　源　糙苏 *Phlomis umbrosa* Turcz.，唇形科多年生草本。

性　状　小坚果呈卵状三棱形，长 3.5～4mm，宽约 2mm。表面黄褐色至黑褐色；顶端色深，表面凹凸不平，具纵向纹理；背面平坦略弓曲；腹面中央有一纵棱。

药用部位　地上部分。

功　效　散风，解毒，止咳，祛痰。

采集时间　2016.9

采 集 地　密云区

鉴 定 人　陈莹婷

2mm

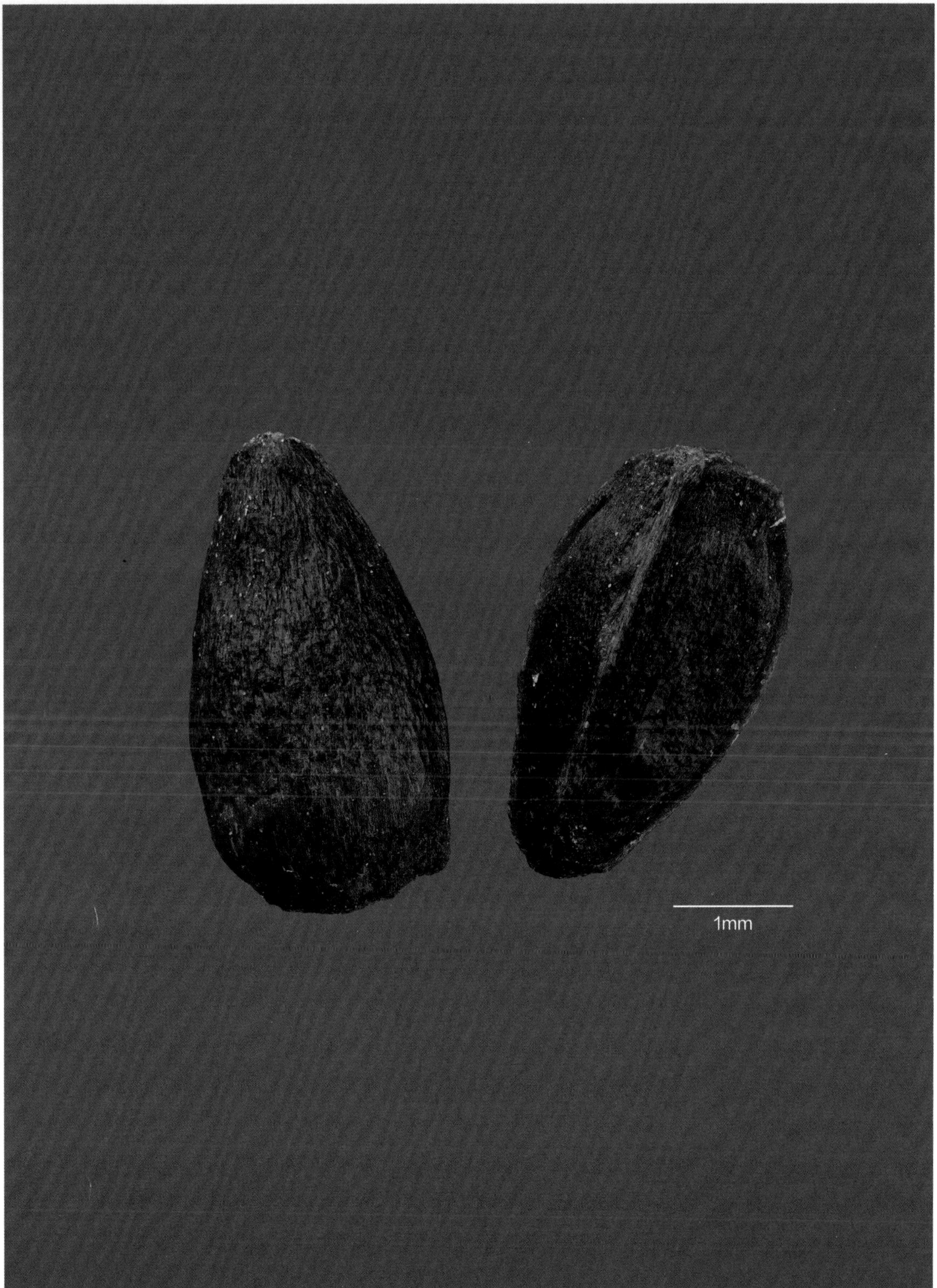
1mm

丹参

来　　源 丹参 *Salvia miltiorrhiza* Bge.，唇形科多年生草本。

性　　状 小坚果呈椭圆形，略扁，长约2.5mm，宽约1.5mm。表面黄棕色至棕褐色，具细小颗粒；背面稍弓曲，具三条棱线；腹面隆起较钝的中脊，分成两个斜面；顶部和基部均圆钝；果柄痕位于基部，圆形至椭圆形，白色，中部略凹陷。

药用部位 根及根茎。

功　　效 活血祛瘀，通经止痛，清心除烦，凉血消痈。

采集时间 2016.9

采 集 地 延庆区

鉴 定 人 周良云

1mm
0.5mm
0.5mm

荔枝草

来　　源　荔枝草 *Salvia plebeia* R. Br.，唇形科一年生或二年生草本。

性　　状　小坚果呈倒卵形，长约 0.8mm，宽约 0.6mm。表面红褐色，粗糙，布满瘤状小颗粒；背面稍隆起；顶部圆钝；果柄痕位于基部，三角状圆形，白色或黄褐色。

药用部位　全草。

功　　效　清热解毒，凉血散瘀，利水消肿。

采集时间　2016.6

采 集 地　东城区

鉴 定 人　周良云

0.5mm

黄芩

来　　源　黄芩 *Scutellaria baicalensis* Georgi，唇形科多年生草本。

性　　状　小坚果呈卵球形，长约 2mm，宽约 1.5mm。表面黑褐色，具多数凸起的瘤状物；果柄痕位于腹面近基部，黄白色。

药用部位　根。

功　　效　清热燥湿，泻火解毒，止血，安胎。

采集时间　2015.11

采 集 地　东城区

鉴 定 人　周良云

2mm
1mm

毛曼陀罗

来　　源 毛曼陀罗 *Datura inoxia* Miller，茄科一年生草本。

性　　状 种子呈扁肾形，长约 5mm，宽约 3.5mm。表面黄棕色，粗糙，呈细密颗粒状；两面中央具半月形凹陷，近边缘处具褶状沟；种脐位于腹部凹缺处。

药用部位 花、种子、叶和根。

功　　效 镇痉，镇静，镇痛，麻醉。

采集时间 2018.10

采 集 地 海淀区

鉴 定 人 周良云

2mm
1mm

曼陀罗

来　　源　曼陀罗 *Datura stramonium* L.，茄科一年生草本。

性　　状　种子呈扁圆肾形，长约3.5mm，宽约3mm。表面灰褐色至黑色，具明显网纹和不规则浅凹陷；种脐位于腹部，凹陷，白色。

药用部位　叶、根、种子。

功　　效　叶：镇咳平喘，止痛拔脓；根：镇咳，止痛，拔脓；种子：平喘祛风，止痛。

采集时间　2018.10

采 集 地　海淀区

鉴 定 人　周良云

2mm
1mm

莨菪

来　源　莨菪 *Hyoscyamus niger* L.，茄科二年生草本。

性　状　种子近肾形，扁平，长约1.5mm，宽约1mm。表面黄白色至灰黄色，小突起环状排列成深网纹；两面中央微凹；背部稍厚；腹部渐薄；种脐位于腹部下方喙状突起处。

药用部位　种子。

功　效　解痉止痛，平喘，安神。

采集时间　2018.10

采集地　延庆区

鉴定人　刘大海

1mm
0.5mm

假酸浆

来　　源 假酸浆 *Nicandra physalodes* (L.) Gaertner，茄科一年生草本。

性　　状 种子近肾形，扁平，长约 1.8mm，宽约 1.5mm。表面红棕色至棕褐色，具网纹；背部弓曲；腹部平直；种脐位于腹部下半部，白色。

药用部位 全草。

功　　效 镇静，祛痰，清热解毒。

采集时间 2018.10

采 集 地 延庆区

鉴 定 人 刘大海

1mm
0.5mm

龙葵

来　源　龙葵 *Solanum nigrum* L.，茄科一年生草本。

性　状　种子呈不规则倒卵形，扁平，长约2.2mm，宽约1.5mm。表面浅黄白色至浅黄色，可见细密网纹；顶部钝圆；基部渐尖并变薄；种脐位于基部边缘，线形。

药用部位　全草。

功　效　清热解毒，活血消肿。

采集时间　2018.10

采 集 地　延庆区

鉴 定 人　刘大海

1mm

金鱼草

来　　源　金鱼草 *Antirrhinum majus* L.，玄参科多年生草本。

性　　状　种子呈矩圆状倒卵形，长约 1.2mm，宽约 0.8mm。表面暗褐色至黑褐色，具蜂窝状网纹，网壁具纵纹；顶部平截；基部稍突出；种脐位于基部。

药用部位　全草。

功　　效　清热凉血，消肿。

采集时间　2016.6

采 集 地　海淀区

鉴 定 人　纪瑞锋

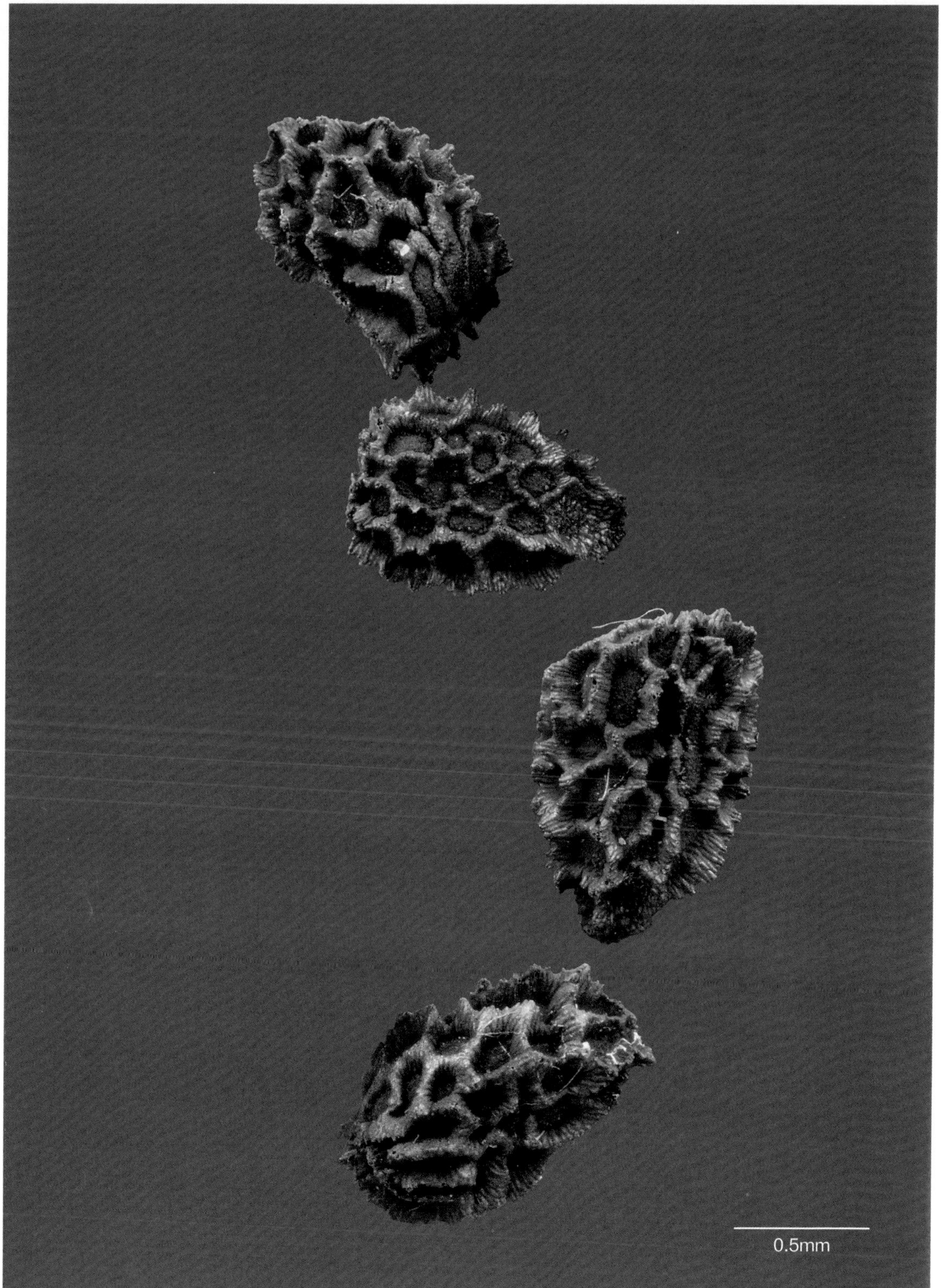
0.5mm

红纹马先蒿

来　　源　红纹马先蒿 *Pedicularis striata* Pall.，玄参科多年生草本。

性　　状　种子呈长椭圆形或长卵形，长约 4mm，宽 1～2mm。表面黄棕色至黑褐色，具镂空状网格突起；背面中央具一纵棱；腹面稍平。

药用部位　全草。

功　　效　清热解毒。

采集时间　2015.5

采 集 地　延庆县

鉴 定 人　周良云

2mm
1mm

地黄

来　源　地黄 *Rehmannia glutinosa* Libosch.，玄参科多年生草本。

性　状　种子呈倒卵形，长约1.3mm，宽约0.8mm。表面黄棕色至棕褐色，种皮膜质，半透明状，表面具蜂窝状网格，大而深凹，略呈纵向排列，底面可见横纹，棱边灰褐色；种脐位于基部，灰黑色。

药用部位　根。

功　效　鲜地黄：清热生津，凉血，止血；生地黄：清热凉血，养阴生津；熟地黄：补血滋阴，益精填髓。

采集时间　2017.5

采 集 地　门头沟区

鉴 定 人　周良云

1mm
0.5mm

毛蕊花

来　　源　毛蕊花 *Verbascum thapsus* L.，玄参科二年生草本。

性　　状　种子呈锥状圆柱形，长0.7～1mm，宽0.5～0.7mm。表面灰褐色至灰黄褐色，具6～8条波浪状纵棱，边缘有相应的沟；表面可见小瘤和类方形网状纹理；顶部较宽，平截；基部渐窄；种脐位于基部，灰黑色。

药用部位　全草。

功　　效　清热解毒，止血散瘀。

采集时间　2015.10

采 集 地　海淀区

鉴 定 人　周良云

1mm

0.5mm

梓

来　　源 梓 *Catalpa ovata* G. Don，紫葳科乔木。

性　　状 种子呈长椭圆形，略呈蝴蝶状，扁平，长约 7mm，宽约 2.5mm。表面棕褐色，两面具绢丝样伏毛，从中间向两侧延展，并在两侧延伸形成长毛，毛长可达 1cm；种子四周较薄，中部鼓起；种脐位于中部一侧，黑色，略凹陷。

药用部位 根皮、果实、木材。

功　　效 根皮：清热，解毒，杀虫；果实：利尿；木材：手足痛风。

采集时间 2017.1

采 集 地 海淀区

鉴 定 人 王钧杰

5mm

角蒿

来　源　角蒿 *Incarvillea sinensis* Lam.，紫葳科一年生至多年生草本。

性　状　种子呈倒卵形，扁平，周缘具薄而透明的宽翅，长约4.5mm（含翅），宽约3.2mm（含翅）。表面黄褐色至棕褐色，具细密脉纹，有光泽；翅黄白色，具明显的放射纹，翅缘全缘或略呈波状；背面稍拱起；腹面内弯，中央可见1条浅沟；种脐位于基部种翅缺刻处。

药用部位　全草。

功　效　祛风络，活血止痛。

采集时间　2017.3

采 集 地　延庆区

鉴 定 人　周良云

2mm
1mm
1mm

平车前

来　源　平车前 *Plantago depressa* Willd.，车前科一年生或二年生草本。

性　状　种子呈长椭圆形或矩圆形，扁平，长约1.5mm，宽约0.8mm。表面棕褐色至黑褐色，有不规则细密皱纹；背面微凸；腹面略凹；种脐位于腹面中央，白色，种脐周围皱纹略呈放射状排列。

药用部位　种子、全草。

功　效　种子：利水清热，明目；全草：清热利尿，祛痰，凉血，解毒。

采集时间　2015.7

采 集 地　海淀区

鉴 定 人　周良云

1mm
0.5mm

长叶车前

来　源 长叶车前 *Plantago lanceolata* L.，车前科多年生草本。

性　状 种子呈长椭圆形，舟状，长约2.5mm，宽约1.2mm。表面棕色，有光泽，具细密洼点；背面隆起；腹面中央具一深沟，沟沿稍内卷，沟内有白色蛛丝状毛；种脐位于腹面沟槽中央，棕褐色。

药用部位 种子、全草。

功　效 种子：清热利尿，渗湿通淋，明目，祛痰；全草：清热利尿，祛痰，凉血，解毒。

采集时间 2015.7

采 集 地 海淀区

鉴 定 人 陈莹婷

1mm
0.5mm
0.5mm

大车前

来　　源　大车前 *Plantago major* L.，车前科二年生或多年生草本。

性　　状　种子形状不规则，略呈三角状卵形，长约 1.5mm，宽约 1mm。表面黄棕色至黑褐色，有不规则网状皱纹；背面较平坦，皱纹纵向排列；腹面略突出；种脐椭圆形，凹陷，白色。

药用部位　种子。

功　　效　清热利尿通淋，渗湿止泻，明目，祛痰。

采集时间　2016.9

采 集 地　海淀区

鉴 定 人　周良云

1mm
0.5mm

忍冬

来　　源 忍冬 *Lonicera japonica* Thunb.，忍冬科半常绿藤本。

性　　状 种子呈卵圆形，长约 3mm，宽约 2mm。表面灰黑色，密生洼点，无毛；两面各有一近 U 形沟槽，在顶部明显，在基部不明显；种脐位于基部。

药用部位 茎枝、花蕾或带初开的花。

功　　效 茎枝：清热解毒，疏风通络；花蕾或带初开的花：清热解毒，疏散风热。

采集时间 2016.10

采 集 地 海淀区

鉴 定 人 王钧杰

2mm
1mm

金银忍冬

来　源 金银忍冬 *Lonicera maackii* (Rupr.) Maxim.，忍冬科落叶灌木。

性　状 种子近倒卵圆形，扁平，长约3.5mm，宽约2mm。表面黄白色，略具光泽，具细密网状纹理，散生红色斑点；一面中部略隆起呈脊状；种脐位于基部，橙黄色。

药用部位 花。

功　效 祛风，清热，解毒。

采集时间 2018.10

采 集 地 朝阳区

鉴 定 人 周良云

2mm
1mm

接骨木

来　　源　接骨木 *Sambucus williamsii* Hance，忍冬科落叶灌木或小乔木。

性　　状　种子呈倒卵圆形，长约 3mm，宽约 2mm。表面黄棕色，可见山脊状皱纹，其上覆有白色膜状物；顶端钝圆；基部较尖；种脐位于基部，深褐色，点状。

药用部位　茎枝。

功　　效　祛风，利湿，活血，止血。

采集时间　2015.8

采 集 地　延庆县

鉴 定 人　周良云

2mm
1mm

少蕊败酱

来　　源　少蕊败酱 *Patrinia monandra* C. B. Clarke，败酱科二年生或多年生草本。

性　　状　瘦果呈椭圆形，扁平，腹部与两个未发育子房连结而成近二面体状，长 5.5～6mm（含苞片）。表面棕黄色至棕褐色；背面平，贴生增大的膜质苞片；苞片米白色，近圆形，具棕色的网状脉，主脉 2 条，周缘浅波状，基部微凹或截形。

药用部位　全草、根及根茎。

功　　效　清热解毒，祛瘀排脓，宁心安神。

采集时间　2016.9

采 集 地　密云区

鉴 定 人　陈莹婷

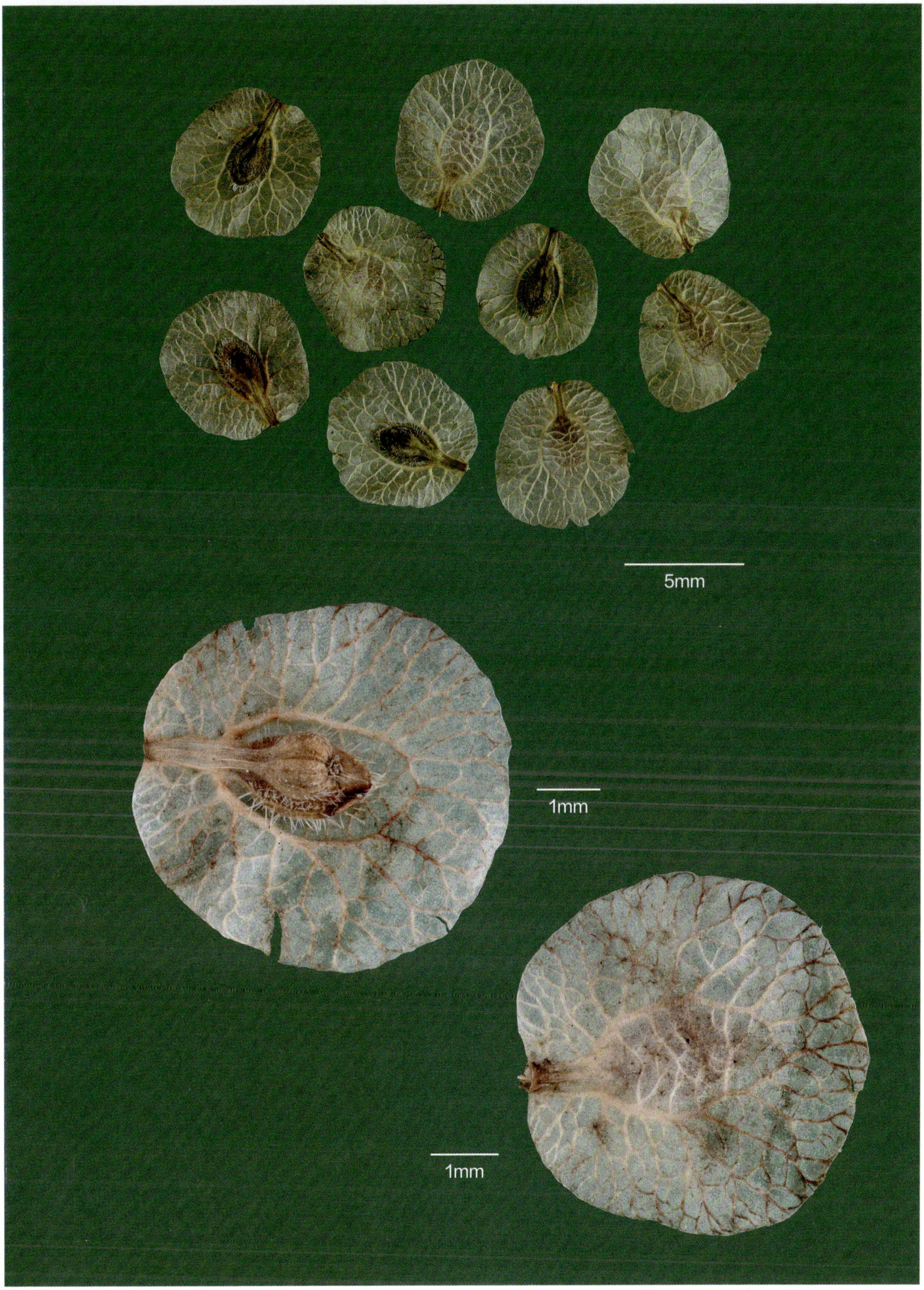
5mm
1mm
1mm

盒子草

来　　源　盒子草 *Actinostemma tenerum* Griff.，葫芦科攀援草本。

性　　状　种子呈宽椭圆形，长约 12mm，宽约 9mm。表面灰白色至灰褐色，有数个深浅不一的凹坑或沟组成的桃核状雕纹；背面拱起；腹面略凹；腹面下部中央有一短纵脊；种脐位于基部。

药用部位　全草。

功　　效　利尿消肿，清热解毒，祛湿。

采集时间　2016.11

采 集 地　朝阳区

鉴 定 人　纪瑞锋

5mm
2mm
2mm

苦瓜

来　　源 苦瓜 *Momordica charantia* L.，葫芦科一年生草质藤本。

性　　状 种子呈矩圆形，扁平，长约 12mm，宽约 8mm。表面灰黑色，周缘不整齐，靠近边缘具隆起的大型云状花纹；种脐位于突起的基部。

药用部位 根皮、叶、果实。

功　　效 祛风止痛，除湿散寒。

采集时间 2018.10

采 集 地 海淀区

鉴 定 人 周良云

5mm

石沙参

来　　源　石沙参 *Adenophora polyantha* Nakai，桔梗科多年生草本。

性　　状　种子呈椭圆形，稍扁，长约 1.3mm，宽约 0.8mm。表面红棕色或棕褐色，有细密纵向纹理；一侧具窄翅；种脐位于稍平截或微凹的基部。

药用部位　根。

功　　效　养阴清热，润肺化痰，益胃生津。

采集时间　2018.10

采 集 地　延庆区

鉴 定 人　刘大海

1mm
0.5mm

羊乳

来　　源 羊乳 *Codonopsis lanceolata* (Sieb. et Zucc.) Trautv.，桔梗科多年生草本。

性　　状 种子呈倒卵形或倒卵状椭圆形，稍扁，具宽大的翅，长4～5mm（含翅），宽约2.5mm（含翅）。表面黄棕色，具细密的纵向纹理；种翅表面黄白色，略透明，具细密的流线型纹理，种翅边棱较厚；种脐位于基部。

药用部位 根。

功　　效 益气养阴，解毒消肿，排脓，通乳。

采集时间 2017.10

采 集 地 延庆区

鉴 定 人 周良云

2mm
1mm

党参

来　　源　党参 *Codonopsis pilosula* (Franch.) Nannf.，桔梗科多年生草本。

性　　状　种子呈卵状椭圆形，长约 1.6mm，宽约 0.8mm。表面红棕色至棕褐色，略有光泽，具细密的长格状纹理，长格与种子长轴平行；顶部钝圆；种脐位于基部圆形凹窝处。

药用部位　根。

功　　效　健脾益肺，养血生津。

采集时间　2018.10

采 集 地　延庆区

鉴 定 人　刘大海

0.5mm

桔
梗

来　　源 桔梗 *Platycodon grandiflorum* (Jacq.) A. DC.，桔梗科多年生草本。

性　　状 种子呈长卵形至椭圆形，略扁，长约 2.5mm，宽约 1.3mm。表面黑褐色，光滑，有光泽，不平整，一侧边缘有锐棱；顶端微突；种脐位于基部，凹陷，内有残余种柄形成的突尖。

药用部位 根。

功　　效 宣肺，利咽，祛痰，排脓。

采集时间 2018.10

采 集 地 东城区

鉴 定 人 周良云

1mm

牛蒡

来　源 牛蒡 *Arctium lappa* L.，菊科二年生草本。

性　状 瘦果呈倒长卵形，略扁，微弯曲，长约6mm，宽约2.5mm。表面灰褐色至淡黄褐色，粗糙，布满不规则排列的条状突起，被紫黑色近波状横条斑；扁面具中脊和数条纵棱，有的纵棱不明显；边缘具锐棱；顶端平截，周边隆起，形成椭圆形衣领状环；基部渐窄，平截。

药用部位 果实。

功　效 疏散风热，宣肺透疹，解毒利咽。

采集时间 2015.8

采 集 地 海淀区

鉴 定 人 周良云

2mm
1mm

黄花蒿

来　　源 黄花蒿 *Artemisia annua* L.，菊科一年生草本。

性　　状 瘦果呈倒卵形，长约 0.8mm，宽约 0.5mm。表面银白色，略闪光，具 10 余条纵棱，棱间具横纹；顶部圆，向一侧倾斜；基部变细，末端具突出的果柄痕，淡黄白色。

药用部位 地上部分。

功　　效 清虚热，除骨蒸，解暑热，截疟，退黄。

采集时间 2013.11

采 集 地 东城区

鉴 定 人 周良云

0.5mm

茅苍术

来　源　茅苍术 *Atractylodes lancea* (Thunb.) DC.，菊科多年生草本。

性　状　瘦果呈长椭圆形，长约 8mm，宽约 2.5mm。表面棕褐色至黑褐色，密被白色长直毛；基部圆形，平截。

药用部位　根茎。

功　效　燥湿健脾，祛风散寒，明目。

采集时间　2018.10

采 集 地　延庆区

鉴 定 人　刘大海

2mm

狼杷草

来　源 狼杷草 *Bidens tripartita* L.，菊科一年生草本。

性　状 瘦果呈倒卵状矩圆形至长楔形，扁平，长约 7mm（不含刺尖），宽约 2.2mm。表面深褐色或近黑色，粗糙，疏被短毛；背腹面中央各具 1 条纵棱，两侧具边棱，有向上的短刺；顶部稍凹，通常具 2 枚芒刺，刺表面具倒钩毛；基部渐窄，末端具椭圆形果柄痕，凹陷。

药用部位 全草。

功　效 清热解毒，利湿，通经。

采集时间 2018.12

采 集 地 朝阳区

鉴 定 人 曹宇

2mm

节毛飞廉

来　　源　节毛飞廉 *Carduus acanthoides* L.，菊科二年生或多年生植物。

性　　状　瘦果呈三角状倒披针形，长 3 ~ 5mm，宽约 1.5mm。表面灰白色，无毛，具多数纵向暗条纹；先端截形，具花柱残基；果柄痕位于基部，稍内陷。

药用部位　全草。

功　　效　散瘀止血，清热利湿。

采集时间　2016.7

采 集 地　朝阳区

鉴 定 人　王钧杰

2mm
1mm

丝毛飞廉

来　　源 丝毛飞廉 *Carduus crispus* L.，菊科二年生或多年生草本。

性　　状 瘦果呈矩圆状倒卵形，略扁，长约 4mm，宽约 1.2mm。表面具灰棕色和灰褐色的相间纹理；顶部斜截，具淡黄色衣领环，环中央为花柱残基；基部变窄；果柄痕位于基部。

药用部位 全草。

功　　效 散瘀止血，清热利湿。

采集时间 2015.8

采 集 地 延庆县

鉴 定 人 纪瑞锋

2mm

1mm

刺儿菜

来　源 刺儿菜 *Cirsium setosum* (Willd.) MB.，菊科多年生草本。

性　状 瘦果呈长倒卵形，稍弯曲或直，略扁，长约3.5mm，宽约1mm。表面棕色，无毛，具不规则细密褶皱；可见数条纵棱，中间一条粗大明显；顶部截形，稍偏斜，具有与果皮同色的衣领状环，环中央具有高出其2倍的花柱残基；果柄痕位于楔形的基部。

药用部位 地上部分。

功　效 凉血止血，散瘀解毒消痈。

采集时间 2016.6

采 集 地 东城区

鉴 定 人 周良云

2mm
1mm

大丁草

来　　源 大丁草*Leibnitzia anandria* (Linnaeus) Turczaninow，菊科多年生草本

性　　状 瘦果呈纺锤形，稍扁，长约6mm，宽约1mm。表面淡黄褐色至棕褐色，具斜向上的白色贴伏毛，纵棱数条；顶部偶见残存的冠毛，冠毛脱落后可见圆形的衣领状环，环中央具花柱残基；果柄痕位于基部，柱状。

药用部位 全草。

功　　效 清热利湿，解毒消肿，止咳，止血。

采集时间 2015.9

采 集 地 延庆县

鉴 定 人 周良云

2mm
1mm

泥胡菜

来　　源　泥胡菜*Hemisteptia lyrata* (Bunge) Fischer & C. A. Meyer，菊科一年生草本。

性　　状　瘦果呈长倒卵形，偏斜，稍扁，长约2mm，宽约0.7mm。表面红褐色至棕褐色，可见数条锐棱，棱间具细密的网状纹理；顶部具黄白色衣领状环，环上有冠毛残基；果柄痕位于偏向一侧的基部，椭圆形。

药用部位　全草、根。

功　　效　清热解毒，散结消肿。

采集时间　2017.5

采 集 地　门头沟区

鉴 定 人　周良云

1mm
0.5mm

剪刀股

来　　源　剪刀股 *Ixeris japonica* (Burm. F.) Nakai，菊科多年生草本。

性　　状　瘦果呈长椭圆形或近纺锤形，长约 3mm（不含喙），宽约 0.5mm。表面棕褐色，具数条纵棱，棱上生有小刺毛，近喙部较明显；顶部收缩，逐渐形成长约 2mm 的长喙，喙顶圆盘状，着生白色冠毛（常脱落）；果柄痕位于平截的基部，白色。

药用部位　全草。

功　　效　清热解毒，利尿消肿。

采集时间　2017.5

采 集 地　门头沟区

鉴 定 人　周良云

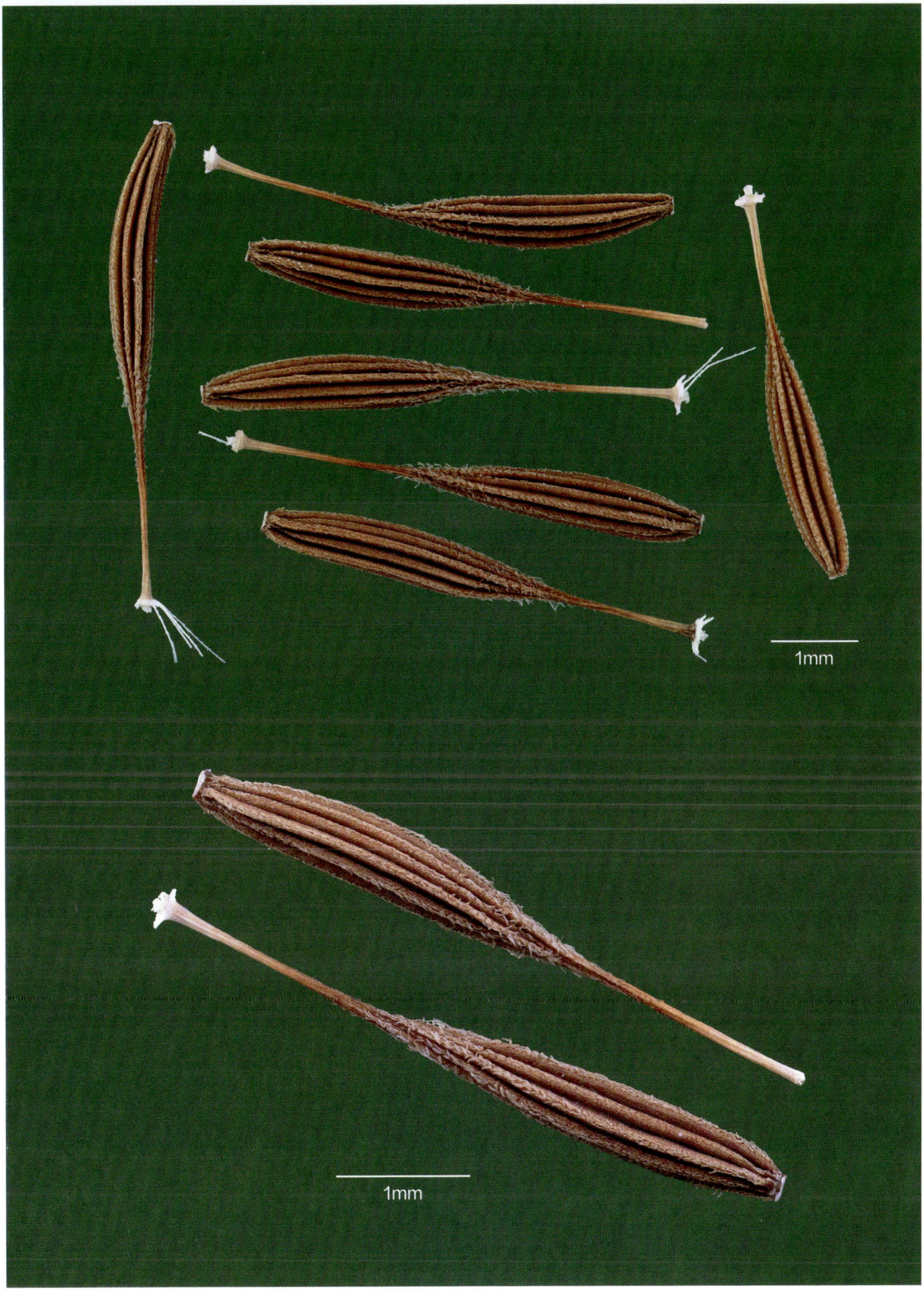
1mm
1mm

翅果菊

来　源　翅果菊 *Lactuca indica* L.，菊科一年生或二年生草本。

性　状　瘦果近椭圆形，略弯曲，长约 5mm，宽约 2mm。表面黑褐色，被灰白色细密斑纹，每面中央具 1 条锐棱，边缘具宽翅；顶端具短喙；果柄痕位于基部，圆形，黄白色。

药用部位　全草、根。

功　效　清热解毒，活血祛瘀。

采集时间　2016.9

采 集 地　延庆区

鉴 定 人　陈莹婷

2mm
1mm

泽泻

来　源　泽泻 *Alisma plantago-aquatica* Linn.，泽泻科多年生水生或沼生草本。

性　状　瘦果近马蹄形，长约 2mm，宽约 1.2mm。表面浅黄褐色，侧面棕褐色，一侧厚，具 1 条纵沟，另一侧薄，刀刃状，具一短喙；两面中部具丝状纵纹，略有光泽；果柄痕位于基部缺刻处。

药用部位　块茎。

功　效　利水渗湿，泄热，化浊降脂。

采集时间　2018.12

采 集 地　朝阳区

鉴 定 人　曹宇

2mm
1mm

牛筋草

来　　源　牛筋草 *Eleusine indica* (L.) Gaertn.，禾本科一年生草本。

性　　状　种子呈卵形，长约 1.3mm，宽约 0.7mm。表面棕褐色，有一纵脊，具明显的波状皱纹，其上生有明显瘤凸；基部一侧凹陷；顶端稍圆。

药用部位　全草。

功　　效　清热解毒，祛风利湿，散瘀止血。

采集时间　2016.9

采 集 地　海淀区

鉴 定 人　王钧杰

1mm
0.5mm

臭草

来　源 臭草 *Melica scabrosa* Trin.，禾本科多年生草本。

性　状 颖果呈纺锤形，长 1.5～1.7mm，宽 0.6～0.8mm。表面棕褐色或褐色；腹面有一浅纵沟，沟内具一微隆起的脊；背面弓曲，近顶部有一凹陷；果柄痕位于基部，稍突出。

药用部位 全草。

功　效 利水通淋，清热。

采集时间 2016.6

采 集 地 海淀区

鉴 定 人 陈莹婷

1mm
0.5mm

天南星

来　　源　天南星 *Arisaema erubescens* (Wall.) Schott，天南星科多年生草本。

性　　状　种子近球形，直径约 3.5mm。表面灰白色，凹凸不平，有红棕色斑点；种脐位于基部凹陷处，黄棕色，凸起，短柄状。

药用部位　块茎。

功　　效　散结消肿。

采集时间　2015.9

采 集 地　延庆县

鉴 定 人　周良云

2mm
1mm

虎掌

来　　源 虎掌 *Pinellia pedatisecta* Schott，天南星科多年生草本。

性　　状 种子近球形，直径约 3mm。表面灰棕色，无光泽，粗糙；顶部钝圆；种脐位于基部，尖状突起。

药用部位 块茎。

功　　效 燥湿化痰，祛风解痉，消肿止痛。

采集时间 2015.11

采 集 地 东城区

鉴 定 人 周良云

2mm
1mm

独角莲

来　源 独角莲 *Typhonium giganteum* Engl.，天南星科多年生草本。

性　状 种子呈短圆柱形，长约4mm，宽2.5～3mm。表面橙黄色，半透明状，粗糙；顶端圆钝；基部稍截平；种脐位于基部，突起，具白色附属物。

药用部位 块茎。

功　效 祛风痰，定惊搐，解毒散结，止痛。

采集时间 房山区

采 集 地 2019.9

鉴 定 人 纪瑞锋

2mm
1mm

鸭跖草

来　源　鸭跖草 *Commelina communis* L.，鸭跖草科一年生草本。

性　状　种子呈椭圆形或半脑形，长约 3mm 或 4mm，宽约 2.8mm。表面土灰色至灰褐色，凹凸不平，具沙粒状突起；背面稍拱起；腹面较平坦，中央具 1 条纵脊，略呈弧线；种脐位于背腹交界凹缺处，中央有一尖状突起，黑褐色。

药用部位　地上部分。

功　效　清热泻火，解毒，利水消肿。

采集时间　2016.7

采 集 地　东城区

鉴 定 人　周良云

2mm
1mm
1mm

蔓生百部

来　　源　蔓生百部 *Stemona japonica* (Bl.) Miq.，百部科多年生草质藤本。

性　　状　种子呈椭圆形，长约 5.5mm，宽约 3mm。表面黄褐色至棕褐色，具多数纵槽纹；顶部钝圆；基部簇生黄白色的短棒状附属物，有的脱落；种脐位于基部。

药用部位　块根。

功　　效　润肺下气止咳，杀虫灭虱。

采集时间　2015.11

采 集 地　海淀区

鉴 定 人　周良云

2mm

小根蒜

来　源　小根蒜 *Allium macrostemon* Bge.，百合科多年生草本。

性　状　种子近倒卵圆形，长约2.5mm，宽约1.5mm。表面黑色，具光泽，由无数小矩形方块拼连而成，略呈同心环状排列，每个矩形方块中央均生有一个乳头状突起；种脐位于基部一侧，断面不规则。

药用部位　鳞茎。

功　效　通阳散结，行气导滞。

采集时间　2016.7

采 集 地　海淀区

鉴 定 人　王钧杰

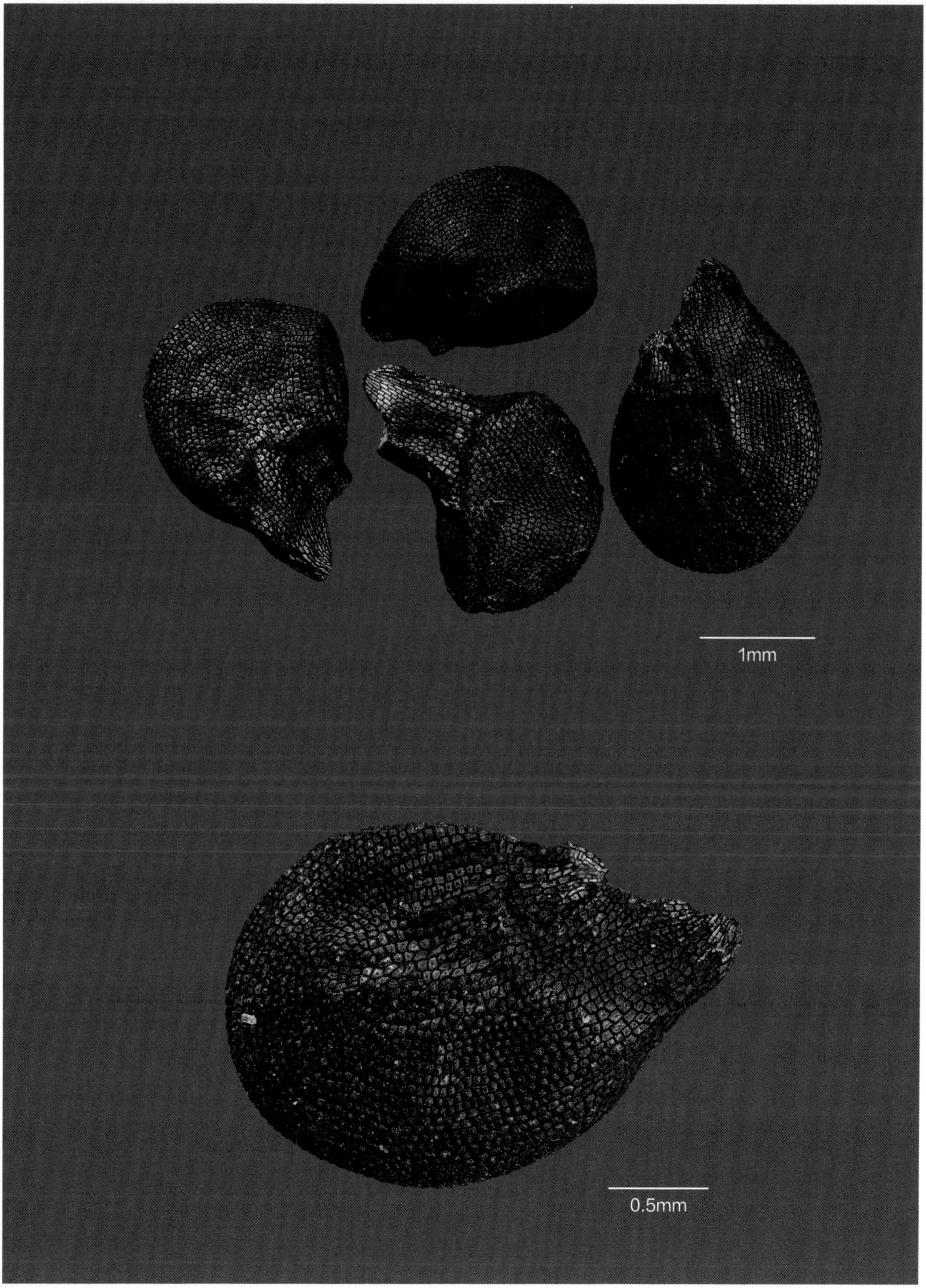
1mm
0.5mm

韭菜

来　　源　韭菜 *Allium tuberosu* Rottl. ex Spreng.，百合科多年生草本。

性　　状　种子呈三角状卵形至半圆形，扁，长2～4mm，宽1.2～3mm。表面黑色，具不规则皱纹，密被长方形网纹，长轴基本指向种脐；背面弓曲，皱纹明显；腹面微凹，皱纹不明显；顶端圆钝；基部稍收缩；种脐位于基部凹缺处，白色。

药用部位　种子。

功　　效　温补肝肾，壮阳固精。

采集时间　2017.9

采 集 地　海淀区

鉴 定 人　周良云

2mm
1mm

知母

来　源　知母 *Anemarrhena asphodeloides* Bge.，百合科多年生草本。

性　状　种子呈长三棱形，稍弯曲，长约 10mm，宽约 2.5mm。表面黑色，凹凸不平，具极细密纹理，3～4 条棱翅状；种脐位于基部，微凹。

药用部位　根茎。

功　效　清热泻火，滋阴润燥。

采集时间　2016.10

采 集 地　海淀区

鉴 定 人　周良云

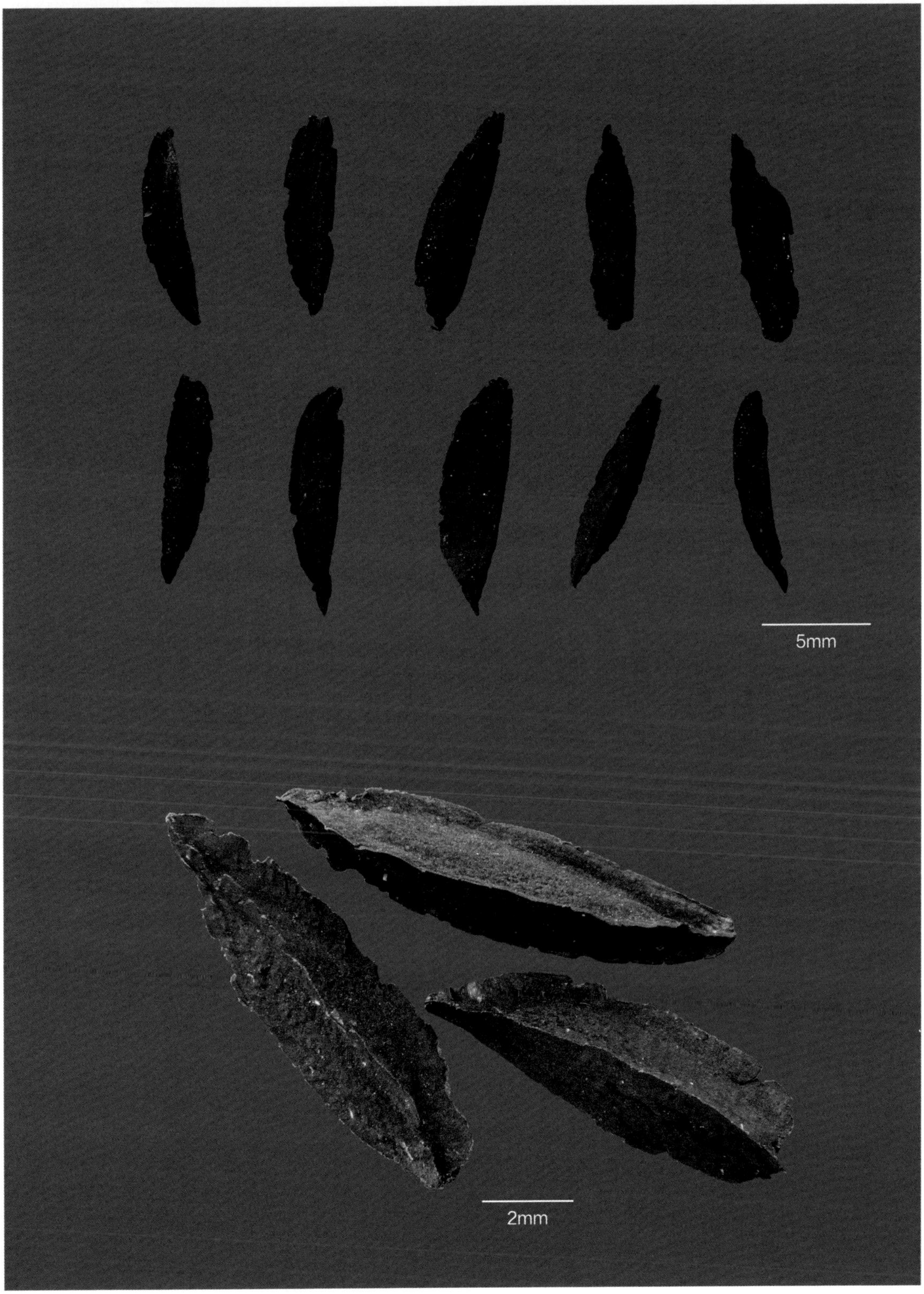
5mm
2mm

绵枣儿

来　　源　绵枣儿 *Barnardia japonica* (Thunberg) Schultes & J. H. Schultes，百合科多年生草本。

性　　状　种子呈矩圆状长椭圆形，长约 5mm，宽约 1.8mm。表面黑色，具粗大褶皱，可见纵向细条纹；腹面颜色稍浅，有一纵向白色细条纹；种脐位于基部，偏向腹面一侧。

药用部位　鳞茎、全草。

功　　效　活血止痛，解毒消肿，强心利尿。

采集时间　2018.9

采 集 地　海淀区

鉴 定 人　王钧杰

2mm
1mm

铃兰

来　　源　铃兰 *Convallaria majalis* L.，百合科多年生草本。

性　　状　种子呈卵形或阔卵形，长约 3mm，宽约 2.5mm。表面淡棕色，具细皱纹，有光泽；顶部具棕色点状种孔；基部具一大型椭圆状或卵圆状棕色斑，种脐位于斑纹内。

药用部位　带花全草。

功　　效　强心、利尿。

采集时间　2016.9

采 集 地　海淀区

鉴 定 人　王钧杰

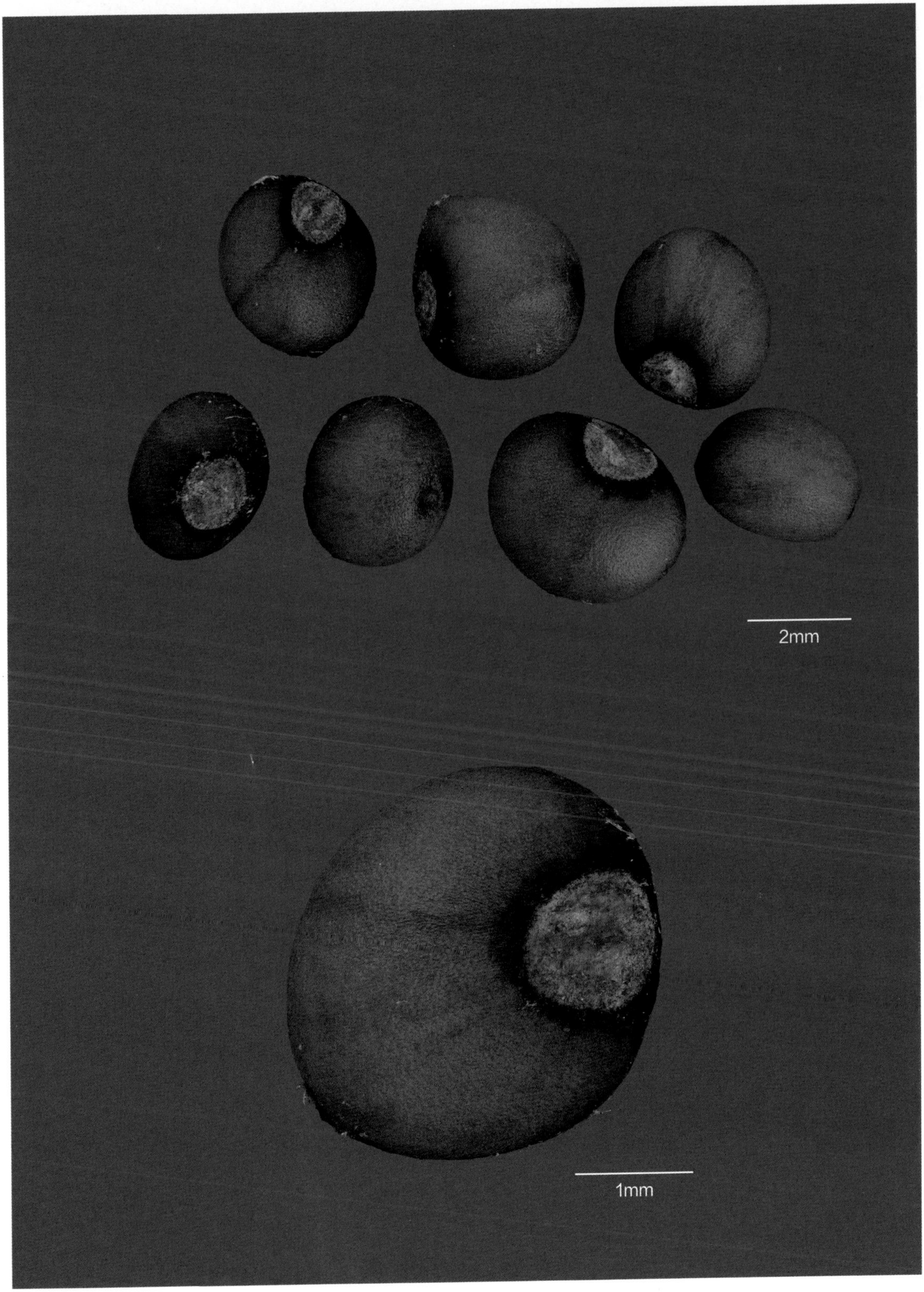
2mm
1mm

黄花油点草

来　　源 黄花油点草 *Tricyrtis pilosa* Wallich，百合科多年生草本。

性　　状 种子呈阔椭圆形，扁平，长 1.8～3mm，宽约 2.2mm。表面棕褐色，具两层纹理，里层为多边形凹坑，外层为矩圆状横向纹理；顶部钝圆；基部突起；种脐位于基部突起处。

药用部位 根、全草。

功　　效 清热除烦，活血消肿。

采集时间 2017.10

采 集 地 延庆区

鉴 定 人 刘大海

2mm
1mm

射干

来　源 射干 *Belamcanda chinensis* (L.) DC.，鸢尾科多年生草本。

性　状 种子近球形，直径约6mm。表面黑色，有光泽，具细密洼点；种脐位于基部。

药用部位 根茎。

功　效 清热解毒，消痰，利咽。

采集时间 2015.8

采 集 地 东城区

鉴 定 人 周良云

5mm
1mm

鸢尾

来　源 鸢尾 *Iris tectorum* Maxim.，鸢尾科多年生草本。

性　状 种子呈倒卵圆形，长约4.5mm，宽约3.5mm。表面红棕色至棕黑色，具网状皱褶；顶部钝圆；基部略尖；种脐位于基部，近圆形，黄棕色。

药用部位 根茎。

功　效 清热解毒，祛痰，利咽。

采集时间 2015.8

采 集 地 东城区

鉴 定 人 周良云

2mm
1mm

白及

来　源 白及 *Bletilla striata* (Thunb.) Reichb. f.，兰科多年生草本。

性　状 种子呈细纺锤形，长 1.5～2mm，宽约 0.25mm。表面白色，种仁处黄色，具纵向长条形网状纹理；中间膨大，两端渐尖；种皮膜质延伸成带状弯曲。

药用部位 块茎。

功　效 收敛止血，消肿生肌。

采集时间 2017.7

采 集 地 海淀区

鉴 定 人 纪端锋

0.5mm

【参考文献】

[1] 国家药典委员会. 中华人民共和国药典 [M]. 2020 年版. 北京：中国医药科技出版社，2021.

[2] 中国科学院《中国植物志》编辑委员会. 中国植物志：1-80 卷 [M]. 北京：科学出版社，1959-2004.

[3] 贺士元. 北京植物志 (上、下册)[M]. 第 2 版. 北京：北京出版社，1993.

[4] 国家中医药管理局《中华本草》编委会. 中华本草 [M]. 上海：上海科学技术出版社，1999.

[5] 谢宗万，余友芩. 全国中草药名鉴 [M]. 北京：人民卫生出版社，1996.

[6] 郭巧生，王庆亚，刘丽. 中国药用植物种子原色图鉴 [M]. 北京：中国农业出版社，2008.

[7] 陈瑛. 实用中药种子技术手册 [M]. 北京：人民卫生出版社，1999.

[8] 全国畜牧总站. 中国草地常见菊科植物种子图鉴 [M]. 北京：中国农业出版社，2018.

索引

【索引一 基原植物中文名索引】

【索引二 基原植物拉丁学名索引】